選擇堅持——

Jack Ma's Wisdom of Life

馬雲的人生智慧

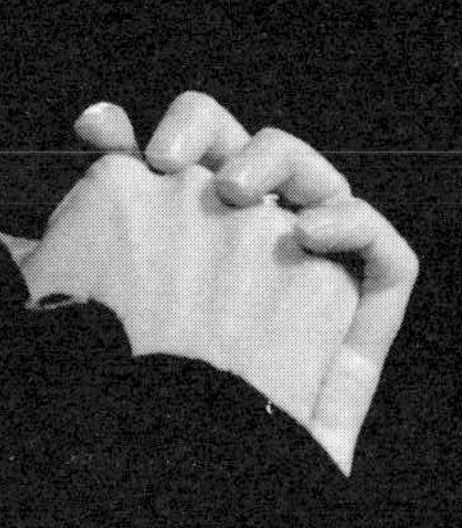

成長階梯：61

選擇堅持—馬雲的人生智慧

編　　著　柯誠浩
出 版 者　大拓文化事業有限公司
執行編輯　廖美秀
美術編輯　林家維

總 經 銷　永續圖書有限公司
劃撥帳號　18669219
地　　址　22103 新北市汐止區大同路三段一九四號九樓之一
TEL　(〇二)八六四七—三六六三
FAX　(〇二)八六四七—三六六〇
E-mail　yungjiuh@ms45.hinet.net
網　　址　www.foreverbooks.com.tw

CVS代理　美璟文化有限公司
TEL　(〇二)二七二三—九九六八
FAX　(〇二)二七二三—九六六八

法律顧問　方圓法律事務所　涂成樞律師

出版日◇二〇一四年十一月

國家圖書館出版品預行編目資料

選擇堅持：馬雲的人生智慧 / 柯誠浩編著.
-- 初版. -- 新北市：大拓文化, 民103.11
面； 公分. --(成長階梯；61)
ISBN 978-986-5886-87-5(平裝)
1.馬雲 2.企業家 3.職場成功法 4.中國
490.992　　103018791

目錄

第一章 夢想——生活的理想，是為了理想的生活

動力的大小取決於野心的大小／034

至於你能走多遠，第一天的夢想很重要。——馬雲

先做正確的事，再正確的做事／042

一個正確的制定戰略的過程，首先要做正確的事，再是正確的做事。你做正確的事，就可以事半功倍，如果你做的事是錯誤的，後面做得越正確，死得越快。——馬雲

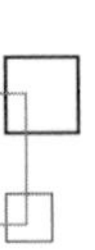

你的夢想應該是創辦一家偉大的公司／049

阿里巴巴不要為了錢上市，如果我們需要錢，我們還可以融更多錢，但是創辦一家偉大的公司真的比上市更為重要。——馬雲

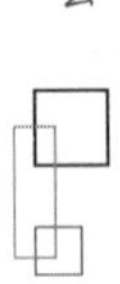

第二章 堅持——沉沉的黑夜都是白天的前奏

你喜歡看太陽，但是看太陽會很難受，而且太陽背後有無數的黑暗，成功的背後也隱藏著很多挫折和失敗。任何一個人的成功，別人看到的都是表面的光芒，卻看不到他背後付出的巨大代價。——馬雲

堅持會讓我們今天付出的一切努力有獨特的回報。——馬雲

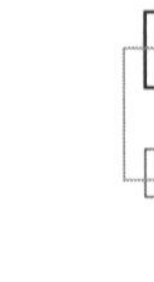

在最困難的時候多熬一秒鐘／113

永遠不要跟別人比幸運，我從來沒想過我比別人幸運，我也許比他們更有毅力，在最困難的時候，他們熬不住了，我可以多熬一秒鐘、兩秒鐘。有時候死扛下去總是會有機會的。——馬雲

不要被別人的意見左右／121

選擇堅持原則、堅持理想、堅持使命的發展之路。——馬雲

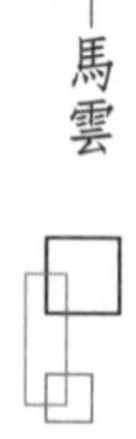

第三章 誠信——內不欺己，外不欺人

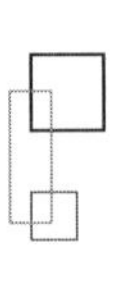

第四章 人脈建設——

成功來自於百分之八十五的人脈關係，百分之十五的專業知識

這個世界上，沒有一個人能真正影響你，重要的是，你能從每個人身上找到各種機會，不斷學習，從而反過來影響別人。——馬雲

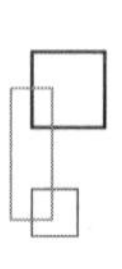

這個世界沒有人能替你發財，只有你自己才能替你發財，你需要的是投資和投入。——馬雲

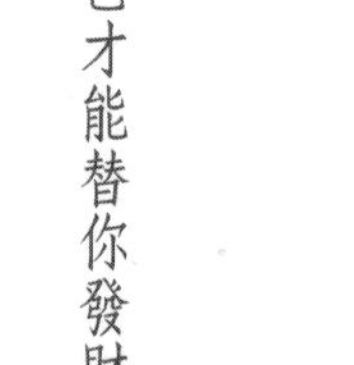

自己走百步不如貴人扶你一步／215

要學會從別人的經驗中學習，多結交些行業中的大老闆。——馬雲

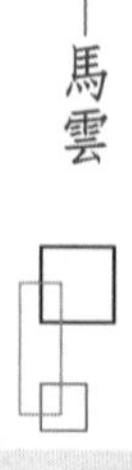

前言

馬雲和他創立的阿里巴巴已經走過了十餘個年頭。在這十多年中馬雲和阿里巴巴經歷過高峰也經歷過低谷，沐浴過春風也遭遇過寒冬。然而嚴酷的「冬天」沒有擊垮馬雲和他的團隊，經過了多年的風風雨雨，阿里巴巴集團已經成為中國電子商務的領導者，在世界電子商務行業中也是一個響噹噹的名字。

馬雲，一個當代中國卓越的企業家，他創造了阿里巴巴王國，是《福布斯》雜誌創辦五十多年來成為封面人物的首位大陸企業家，更是贏得了未來全球領袖的殊榮。

一九八八年杭州師範學院（現杭州師範大學）英語系畢業的馬雲曾任教於杭州電子科技大學；一九九二年馬雲開始了他人生第一次創業，即成立了海博翻譯社；一九九九年，馬雲正式創辦阿里巴巴網站，並開拓了電子商務應用，尤其是企業對企業業務；目前，阿里巴巴是全球最大的企業對企業網站之一。阿里巴巴網站的成功，使馬雲多次獲邀到全球多所著名高等學府進行講學，當中包括賓夕法尼亞大學的沃頓商學院、麻省理工大學、哈佛大學等。

在當代中國市場經濟欣欣向榮之際，很多人都想創業，但是他們似乎都有一個不能成行的理由，那就是缺錢。而馬雲的創業經歷告訴我們，沒錢同樣可以創業，同樣可以創出一番偉大的事業。創業不僅需要一顆有遠見的頭腦來規劃藍圖，更需要秉持一顆激情的心將夢想落實於行動。眾所周知，在創業過程中難免會遇到種種困難，如資金不足，人才亟缺，沒有市場，等等，面對這些困難，創業者需要有冒險精神，以積極的心態不鬆懈不氣餒地尋找問題的解決辦法，滿懷信心地迎接每一個挑戰。

縱觀商海風雲，每個成功的企業都有自己的核心價值理念。只有具備社會責任感的企業才會在市場激烈的競爭中愈挫愈勇，只有秉承「先天下之憂而憂」胸懷的企業才能走得更高更遠。馬雲在論述阿里巴巴及其經營理念時強調阿里巴巴的核心競爭力不是技術而是企業文化，由此可見塑造企業文化的重要性。在馬雲的團隊裡強調的是員工，而不是「鐵打的營盤流水的兵」，不是股東。因為任何一個有生命力的企業都離不開員工的辛勤努力，所以團隊建設一向在企業管理中有著十分重要的地位。企業的領導者不僅要有神聖的企業使命感，更要有開闊的眼界和過人的膽識，這樣的企業才能帶領團隊奔向欣欣向榮的企業未來。

當然，僅僅擁有良好的內部管理是不夠的，對企業而言，生產出的產品能被市場很好地吸收，才能在行業中生存發展下去。如何經營企業是企業人不可回避的問題，如創業初期的資金運作，採取何種商業模式，客戶關係的處理等問題的處理，無不體現著企業人在企業經營中的智慧。所以，只有懂得競爭法則、市場行銷的企業人才能在危機時刻將企業救出困境繼往開來。

在諸多創業者中，馬雲的創業人生無疑是成功的，他和他的團隊創造了中國的互聯網眾多的第一，人們在驚歎他的傳奇人生歷程的同時也很好奇究竟是什麼樣的人生觀、價值觀塑造了今日卓越不凡的馬雲。「尊敬馬雲，是因為他的為人，創業的精神」，很多創業者不約而同的說出心中對馬雲的崇拜之情。

所以，有鑑於成功人士大多擁有著相似的創業理念和人生奮鬥經歷，我們希望透過此書的編撰將馬雲的成功經驗進行匯總，為讀者呈現出一部大全集版的「馬雲教典」，為有志之士提供一個站在「巨人肩膀上」高瞻遠矚的機會。

馬雲曾非常熱心的表示願意將自己的成功經驗與他人分享，他希望能夠幫助眾多中小企業老闆和經理們樹立有意義的做人、做事原則，所以讓我們一起來解讀馬雲，學習馬雲。也許走在創業路上的人不一定都會有馬雲那樣的機遇和運氣，但是任何帶著宏圖偉業目標的行動都需要切實的指導才能更好的實現，這正是本書所衷心希望達到的效果。

第一章

夢想——

生活的理想，是為了理想的生活

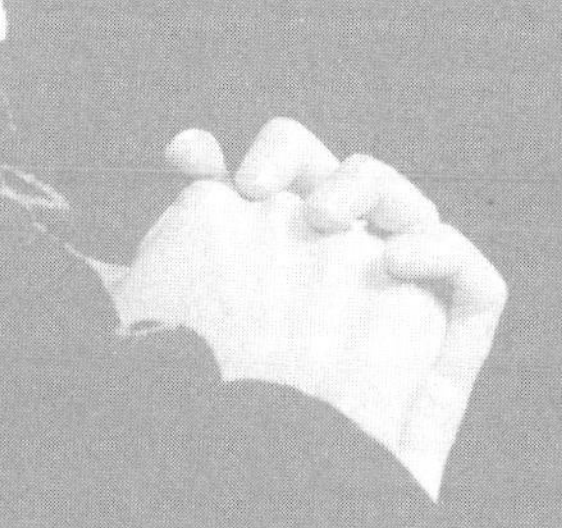

不要忘記第一天的夢想

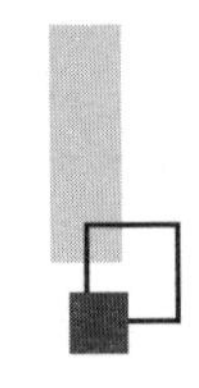

人永遠不要忘記自己第一天的夢想，你的夢想是世界上最偉大的事情，就是幫助別人成功。——馬雲

在《贏在中國》第二賽季第八場裡，選手陳偉的參賽項目是為解決弱勢族群的就業問題，在創業的基礎上建設以企業為核心的社區美鞋連鎖店，在幫助失業工人、殘疾人賺錢之後，再幫助自己賺錢。

馬雲認為他能把企業價值觀、員工價值觀都背出來，說明他真心相信這些東西，這是好的事情。馬雲給他的建議是：「人永遠不要忘記自己第一天的夢想。你的夢想是世界上最偉大的事情，就是幫助別人成功。不能走到後面以後又改回來。」

實際上，馬雲自己就是一個堅持夢想的人。一九九九年，軟銀集團董事長孫正義投資阿里巴巴。但是到了二〇一一年，互聯網就進入了冬天，並且是非常倒楣的冬天。馬雲當時很堅定的告訴孫正義：「孫先生，一年前我向你要錢的時候，我講的是電子商務這個夢想。今天我告訴你，我還是這個夢想，唯一的區別是我向我的夢想前進了一步，但是我還在往前走！」

每個人都有夢想，但是能堅持下來的並不多。正如《老男孩》裡唱的，夢想遙不可及，是不是應該放棄。青春如同奔流的江河，一去不回來不及道別，只剩下麻木的我沒有了當年的熱血。等到青春早已遠去的時候，我們的夢想是否已經實現？我們是否還記得第一次的夢想？

夢想是幸福的方向，我們憧憬著夢想，就是憧憬著幸福。但現實往往是殘酷的，讓我們的夢想在現實中被打擊得七零八碎。驕傲會被現實冷冷拍下，夢想會被現實無情的嘲弄，但是只要我們的夢想有實現的機會，只要我們付出更多的努力和執著，夢想就是我們隱形的翅膀，會帶著我們越飛越高。

丁磊大學畢業後，在家鄉的電信局工作，電信局旱澇保收，待遇很不錯。但是丁磊覺得那兩年工作非常的辛苦，同時也感到一種難盡其才的苦惱。於是不顧家人反對，在一九九五年辭職來到了廣州。回憶起當時的情形，丁磊說，這是我第一次開除自己。人的一生總會面臨很多機遇，但機遇是有代價的。有沒有勇氣邁出第一步，往往是人生的分水嶺。

到了陌生的城市之後，不知道去了多少家公司面試，也不知道費盡了多少口舌，頗具耐心和實力的丁磊終於在廣州安定了下來。一九九五年五月，他進入某外商公司工作，之後又去了一家原先並不存在、小得可憐的公司。因為他相信這家與網際網路相關的外商公司將來會對國內的網際網路產生影響，而在那裡丁磊感覺自己除了整天安裝調試資料庫外，幾乎沒有什麼進步。他懷著滿腔的熱情投入到新公司的技術工作中去。不過，也許是在一九九六年他還只有技術背景，缺乏足夠的商業經驗，最後發現這家公司與他當初的許多想法發生了背離，他只能再次選擇離開。

已經三次跳槽的丁磊在一九九七年的那個五月對自己的前途整整思考了五天，最後的決定是自立門戶，做一番事業。「我根本不知道自己的公司未來該靠什麼賺錢，只天真地以為只要寫一些軟體，做一些系統集成就可以了。這種想法後來幾乎使公司無法生存。」他後來這樣說。

二〇〇一年九月四日，網易終因誤報二〇〇〇年收入，違反美國證券法而涉嫌財務欺詐，被納斯達克股市宣佈從即時起暫停交易。隨後又出現人事震盪。丁磊經歷了無數個不眠之夜，他也曾心灰意冷過，但家人的鼓勵起了很大的作用。父親說：「人生哪能不遇到挫折，挺一挺也就過去了，大不了從頭再來，你還年輕，有點失敗的經驗未必是壞事。」苦難終於沒把夢想壓倒，二〇〇二年八月後，這家公司變成暴利企業。到了二〇〇三年六月六日，網易再創歷史新高：每股三十四點九美元。丁磊的個人財富也與網易股價一起飆升，躍上了五十億人民幣的臺階。開闢了中國史無前例的創富速度。

丁磊認為，雖然每個人的天賦有差別，但作為一個年輕人首先要有理想和目標。尤其是年輕人，無論工作單位怎麼變動，重要的是要懷抱夢想，而且決不放棄努力。

從二十六歲創業到後來的億萬富豪，丁磊從挫折中一路走來。無論遇到什麼打擊，他都堅持闖蕩的夢想，終於在陣痛中脫胎換骨，夢想成真。

生活若剝去理想、夢想、幻想，那生命便只是一堆空架子。倘若生活沒有一點夢想來稀釋殘酷現實的血腥味，沒有一點希望和寄託來支撐飽經苦難的人生，那生命就只是毫無希望的枯井。歲月會在現實主義者的臉上刻下乾枯的滄桑，卻讓理想主義者充滿了生機勃勃的希望。

一個有夢想、有熱情，對生活充滿期待並肯為之付出努力的人，不僅能將自己的理想化為現實，就連石頭也能在其感召下開始遠行。美國有一位哲人曾經說過：「很難說世上有什麼做不了的事，因為昨天的夢想可以是今天的希望，還可以是明天的現實。」

或許歲月會掩埋很多東西，會讓我們變得越來越現實主義，但是我們不能忘記自己第一天的夢想。如果我們都能像馬雲、像丁磊這些精英一樣堅持第一天的夢想，為了夢想而努力奮鬥，不拋棄不放棄，那麼我們終有一天也能摘到夢想的花環，領略到成功的喜悅。

堅持理想要像你對初戀的堅持

初戀是最美好的，每個人的第一次戀愛最容易記住。同樣，每個人初次創業的時候理想是最好的，但你走著走著就找不到這條路在哪裡了，其實你的第一個夢想是最美好的東西。——馬雲

馬雲說：「初戀是最美好的，每個人的第一次戀愛最容易記住。同樣，每個人初次創業的時候理想是最好的，但你走著走著就找不到這條路在哪裡了，其實你的第一個夢想是最美好的東西……二〇〇一年網路泡沫破滅時，那三十幾家公司，我記得現在全部關門了，只有我們一家還活著。我們是堅持初戀的人，我們是堅持夢想的人，所以能走到今天。

回想一九九五年，馬雲從西雅圖回來後，在美國朋友的協助下，他開始為自己的海博翻譯社建立首頁。當時中國的網路是用速度很慢的撥號上網連接方式，足足花了三個半小時才打開一半的網頁。但是即便如此，馬雲仍然相當自豪，他證明了互聯網的存在。

隨後，他決定進入互聯網行業。但是要做這個決定是非常困難的。在決定辭職前的那個晚上，馬雲找了二十四個朋友諮詢，有二十三個人說不行，只有一個人說可以試試。但馬雲不顧大家的勸告，堅決行動。對於他的這個舉動，朋友們都說他太傻了。

馬雲後來回憶說，剛開始做互聯網，能不能成功自己也沒信心。只是覺得做一件事，無論失敗與成功，總要試一試，闖一闖，不行還可以回頭；但是如果不做，總走老路子，就永遠不可能有新的發展。

於是，一九九五年四月，馬雲聯合朋友創建了「海博網路」，當時的情況實在讓人寒心。創建海博網路的資金只有六七千，是馬雲的積蓄，剩下的是從親戚朋友那兒借來的。當時總共需要十萬元，他就將家裡的傢俱全賣了。而員工除了他、他的老婆外，只有一個大學同學。儘管如此，「海博網路」依然是中國最早的互聯網公司之一。多年以後，馬雲因此被譽為「中國互聯網之父」。

馬雲說，別人是盲人騎瞎馬，他當時算得上是盲人騎瞎虎。那時中國的互聯網還沒有全部聯繫起來，就只開通了他的那個網站，他早在五月份就已經掛上互聯網，上海是八月份才開始掛上互聯網的，所以直到兩個月之後他才開始有了競爭對手。做得最早的是中科院高能物理研究所的「中國之窗」，馬雲之前已經把自己的網站改名為「中國黃頁」……

雖然創業之路非常艱辛，但馬雲認為只要有夢想，只有不斷努力，只要不斷學習，就會有機會到達成功的彼岸。

馬雲常說：「人一輩子中機會其實很多的，只要踏踏實實抓住一個兩個就不錯了。人一輩子中災難會很多，你每消滅一個災難，都是一個進步。我經常說，如果最困難的時候，我們需要學會用左手去溫暖右手，還要懂得堅持，因為這個世界上最大的失敗就是放棄。」

馬雲和他的創業團隊依然記得，當年他們意氣風發闖北京，卻以失敗告終，在馬雲宣佈打道回府時，無人落淚，但當真要起身告別京城時，還是有人哭了，整整十四個月，就這樣隨風而去了。

告別宴會上，大家喝起了北京的二鍋頭，許多人都故意喝得大醉，席間瀰漫著失敗的沮喪，也洋溢著對成功的渴望。大家誰也沒有認輸。不見輸贏怎能輕言下戰場？不知有誰帶頭唱起了《真心英雄》：「在我心中，曾經有一個夢，要用歌聲讓你忘掉所有的痛……把握生命裡的每一分鐘，全力以赴我們心中的夢，不經歷風雨怎麼見彩虹，沒有人能夠隨隨便便成功……」

五年以後，二千多名熱血沸騰的阿里巴巴員工又唱起了這首歌，阿里巴巴首戰告捷，有人看見馬雲在偷偷的擦眼淚，但事後馬雲不承認，老歌重唱，他們是什麼樣的心情？他們肯定想起了當年的那個小酒館，想起他們含淚而歌的那個晚上。

有人曾經問過馬雲，在創業道路上，困難是非常多的，要如何調整自己的狀態，鼓勵自己堅持下去？馬雲給出了這樣的建議：

「在走上創業的路之前，我想創業者一定要想清楚兩個問題：第一，你想做什麼，不是你父母讓你做什麼，不是你同事讓你做什麼，也不是因為別人在做什麼，而是你自己到底想做什麼。第二，你需要做什麼，想清楚想做什麼的時候，你要想清楚，我該做什麼，而不是我能做什麼。

「想清楚這些後，你就有力量告訴自己兩點：第一，我自己告訴自己，我做的事情是對的，第二我做的事情是非常艱難的，很少有人做得了，但是我願意嘗試，這是一個臨界，你跨過這個臨界，最艱難的黑暗，你就有可能看到曙光，黎明前的黑暗是最難挨的。

「我想告訴大家，創業，做企業，其實很簡單，一個強烈的欲望就是說，我想做什麼事情，我想改變什麼事情，你想清楚後，你永遠堅持這一點。」

馬雲認為，人都是有夢想的，若想獲得巨大的成功，就需要在夢想的道路上堅持下去。失敗或許不是一件壞事，成功也未必是最終結果。就像他所說的，今天很殘酷，明天更殘酷，但後天很美好，絕大部分人死在明天晚上，所以我們必須每天努力面對今天。

年輕人做任何事，都要堅持下去，因為有堅持就會有奇蹟。不要像很多人「晚上想著千條路，早上起來走原路」，如果你不去採取行動，不給夢想一個實踐的機會，你永遠沒有機會。

有人曾說過，凡優秀的人都是始終能夠堅持理想的人。的確，這句話在一定意義上道出了「優秀」的真諦。正吻合了亞里斯多德的那句話，「我們每一個人都是由自己一再重複的行為所鑄造的，因而優秀並不是一種行為，而是一種習慣」。堅持理想，是我們自己確定人生價值的最大值，只有逐漸地接近理想，才能獲得更為充盈的人生，才能長久地支撐著一撇一捺。

從人生規劃的角度來看，一個人的發展是從內向外的。首先要瞭解我是誰，我喜歡做什麼，我能做什麼。瞭解了這些我們就可以瞭解生命對自己的召喚是什麼，它賦予生命活力和目標，使人更能夠克服逆境和困難去實現理想。事實上，很多名人之所以成名都源於一個很小的契機，但成名背後，契機之前他們卻有著異乎常人的對理想的堅持。

「異乎常人的對理想的堅持」常常是對自己生命召喚的呼應，當一個人像堅持初戀一樣堅持理想的時候，他是內控而有力量的，雖然會有很多外界因素未必有利於自己的發展，但關鍵的是自己可以做些什麼及如何盡力地利用外界資源。

如果一個人不瞭解自己，沒有理想或者不能堅持理想，那他和心靈的原鄉是隔離的。他的生涯發展常常是外控的，即容易跟隨外部環境或者父母等的喜好，所以當他們在發展中遇到困難時，也會將希望寄託到外界環境的變化或者他人身上，也更容易抱怨環境或者他人，而忽略了自己內在的力量。

所以對明白自己理想的人而言，敢於追求的同時，也要從心理和行動上做好為自己的決定負責的準備；或者，也可以視自己心理準備程度如何，來決定夢想分幾步來實現，未必一定要一步到位，關鍵是自己要清楚目前所做的事和自己生涯規劃的關係是什麼，這樣理想和現實才能真正結合起來，才能堅持理想，實現理想。

動力的大小取決於野心的大小

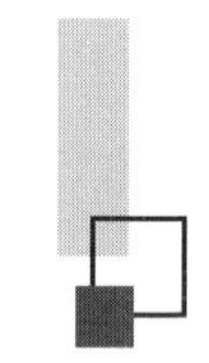

至於你能走多遠，第一天的夢想很重要。——馬雲

「胸中有了大目標，泰山壓頂不彎腰」。小草有根才能發芽，野心越大，動力也越大。

馬雲在早年接受採訪時說過這樣的話：

「拼命奮鬥的動力是什麼？不是財富。我是商業公司，對錢很喜歡，但我用不了，我不攢錢，我設有多少錢。從大的方面說，我真的就只想做一家大的世界級公司，我看到中國沒有一家企業進入世界前五百強，於是我就想做一家。如果我早生十年，或是晚生十年，那麼我都不會有互聯網這個機會，是時代給我這個機會。在製造業時代，在電子工業時代，中國或多或少都錯過了一些機會，而資訊時代中國人有機會，我們剛巧碰到這個機會，我一定要做，不管別人如何說，我都要做下去。我覺得中國可以有進入前五百強的企業，我們學得快，在這個過程中，勇者勝，智者勝。從小的方面說，既然出來了，那麼就得做下去。八十九元的工資我也拿過，再過十年，可能我連平均生活水準都達不到。有人為了權力，有人為了錢，但我沒有這種心態。說實話，為自己，為這個國家，為這個產業，一個偉大的將軍，不是體現在衝鋒陷陣的時候，而是體現在撤退的時候。網路不行的時候我真正體會到了如何做企業，二〇〇〇年以前，我沒有做企業的感覺，而現在我覺得自己是在做企業，而不是做生意。」

誠如馬雲所言：小蝦米一定要有個鯊魚夢。希望越大，責任就越大，動力也越大。既有高遠志向，又要有切實的努力過程，這是一種人生智慧也是一種人生態度。

現實社會中的很多人都在立志，但是不敢立大志，對自己缺乏足夠的自信。其實我們應當深信：志當存高遠，要立志就要立大志。俗話說「有志者事竟成」，只要我們有堅定不移的奮鬥目標，相信終有一天，我們能夠實現它。

我們在現今的社會中也存在志求高遠的人才，但同時也有一些人，他們常常立志，但從不立長志，而當遇到困難的時候，他們又退縮了，他們不願付出艱苦的勞動，結果一事無成。

擁有這樣生活和工作態度的人，沒有自己始終不渝的奮鬥目標，沒有為工作獻身的可貴精神，他們永遠都不能對人類做出更多貢獻，永遠也享受不到經過艱苦奮鬥而得到的歡樂。

成功者之所以能夠取得成功，在很大程度上取決於他們不畏艱難，志存高遠的生活態度。成功的人永遠把「生當做人傑，死亦為鬼雄」奉為人生之圭臬，生，有益於當時，死，聞達於後世，這是一個成功者最大的心願。

「不想做將軍的士兵不是好士兵」。想要成功一定要心懷希望。成功的路上要面對很多意想不到的困難，我們要有信心將其一一克服。我們要堅定「要做就做最好」的信念，擁有「要做就做第一」的野心。

馬雲承認自己對未來的發展有著極大的野心，他認為擁有野心、夢想與激情，並能永不放棄，就一定不會失敗。

阿里巴巴近幾年的快速發展讓很多人對馬雲有著很高的評價，認為其取得了了不起的成就，對此馬雲卻很從容。

有一次馬雲去日本參觀訪問，回來後感慨的說道：「我去年在日本被當眾敲一悶棍，忽然對錢一點興趣都沒有了。我去日本參觀了一家企業叫拓板公司，我和他們老闆交流：去年賺了多少啊？兩百二十一億。我說：噢，兩百二十億日元。他們說：不，是美元。這才叫做錢，我們只做了一兩億人民幣就自以為是起來了，距離太遠了。拓板公司是百年企業，我們公司員工平均年齡是二十七歲，再給我們二十年時間，我們也可以的。世界前五百強企業哪家營業收入不是七十億、八十億美元？我們閉嘴！慢慢來。中國今天的企業要有遠大的理想，也會有這一天，如果沒有理想那就很難了。今天我們說賺了一千萬、兩千萬，我覺得丟臉。」

「進入世界互聯網企業前三強，進入世界前五百強、每年賺一百億美元」，這是馬雲的野心，因此馬雲不滿足於一時的成就，看淡金錢，只為更大的目標。

沒有野心，就沒有進取心，野心和想像力是構成促使一個人不斷前進的精神基礎。著名經濟學家熊彼特在其作品《企業家的精神》中說道：「一個人如果要成為企業家，就必須不斷創新、創新、再創新。而創新來自於不停的進取，進取心則來自於野心。野心讓人冒險，冒險帶來創新。」

美國加利福尼亞大學的心理學家迪安·斯曼特說：「『野心』是人類行為的推動力，人類透過擁有『野心』，可以有力量攫取更多的資源。」

確立目標有野心，是人生規劃的重要樂章。不甘做平庸之輩就必須要有一個明確的追求目標和野心，才能調動起自己的智慧和精力。我們需要提升生存的智慧，思考成功，追求卓越，對人生的意義、人生的價值、人生的幸福等問題交出較滿意的答卷。不甘平庸，崇尚奮鬥，正是人生之歌的主旋律。

沒有明確的目標，沒有目標的努力，終將一無所有。目標是構成成功的基石，是成功路上的里程碑。目標能給你一個看得見的靶子，一步一腳印的去實現這些目標，你就會有成就感，就會更加信心百倍，向高峰挺進。

成功是每一個追求者所熱烈企盼和嚮往的，是每一個奮鬥者為之傾心的夙願。在目標和野心的推動下，人就能夠被激勵、鞭策，處於一種昂揚、激奮的狀態下，去積極進取、創造，向著美好的未來挺進。

目標和野心是一種持久的渴望，是一種深藏於心底的潛意識。它能長時間調動你的創造激情，調動你的心力。你一旦想到這種強烈的願望，就會產生一種不絕的動力，就會有一種鋼鑄的精神支柱。一想到它，你就會為之奮力拼搏，就會盡力完善自我。

在艱難險阻面前，絕不會輕易說「不」字。為了目標的實現，去勇敢的超越自我，跨越障礙，踏出一條坦途來吧！

目標和野心是信念、志向的具體化，是步入成功殿堂的源泉。美國成功學家拿破崙・希爾說：「你過去或現在的情況並不重要，你將來想獲得什麼成就才最重要。除非你對未來有理想，否則做不出什麼大事來。有了目標和野心，內心的力量才會找到方向。」

可以說，一個人之所以偉大，首先在於他有一個偉大的目標。規劃你的人生，確定目標是首要的戰略問題。目標能夠指導人生，規範人生，是成功的第一要義。目標之於事業，具有舉足輕重的作用。

忽視目標定位的人，或是始終確定不了目標的人，他們的努力就會事倍功半，難以達到理想的彼岸。

任何事情都不會偶然發生，背後必有原因，個人的成功也是如此。成功者是擁有目標和野心並且下定決心，相信自己會做到的人以切實的行動、謹慎的規劃及不懈的努力而達到的結果。在人生的每一個關鍵時刻，要審慎運用智慧，做最正確的判斷，選擇正確方向，並及時檢視選擇的角度，適時調整。放掉無謂的固執，冷靜地用開放的胸懷做出正確的選擇。正確無誤的抉擇將使你走向通往成功的坦途。

先做正確的事，再正確的做事

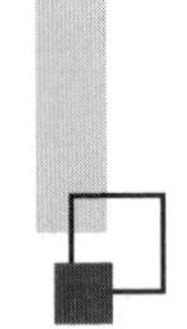

一個正確的制定戰略的過程，首先要做正確的事，再是正確的做事。你做正確的事，就可以事半功倍，如果你做的事是錯誤的，後面做得越正確，死得越快。——馬雲

正確的做事，更要做正確的事，這不僅僅是一個重要的工作方法，更是一種很重要的工作理念。任何時候，對於任何人或者組織而言，「做正確的事」都要遠比「正確的做事」重要。

曾經當有人問馬雲有關阿里巴巴應對危機的策略時，馬雲說道：「首先是不是做了正確的事，其次是不是正確的做事。」

二〇〇七年馬雲在第四屆網商大會上說道：「大家要做正確的事，還要正確的做事，這是兩個含義。首先要選擇正確的方向，如果你方向選錯了，你做得越對死得越快。所以我覺得我比較幸運，阿里巴巴選擇了一個正確的方向——電子商務。很多人都在講第一桶金，我想給在座所有網商群體講，網商群體一定要成為，也一定能成為世界上最誠信的商團。為什麼？因為我們沒有辦法線下見面，因此所有東西都是靠誠信一點一滴建立起來的。網商逐漸長大起來，最重要的是誠信，所以要做最正確的事情，網路大力投入誠信建設。」

在《贏在中國》中馬雲曾給出這樣的點評：「首先回答剛才那個問題，就是選專案還是選人。我覺得專案和人不應該是矛盾的，優秀的專案必須有合適的人，優秀的人也必須要合適的專案，然後再加上合適的時間才能成功，所以我選的時候一定從這個人和這個項目，以及是不是合適的時間、他的團隊來看問題。有的時候這個項目很好，人不行，有的時候是項目不成熟。」

在現實生活中，無論是企業的商業行為，還是個人的工作方法，人們關注的重點往往都在於前者：效率——正確做事。但實際上，第一重要的卻是效能——做正確的事。

「正確的做事」強調的是效率，其結果是讓我們更快的朝目標邁進；「做正確的事」強調的則是效能，其結果是確保我們的工作是在堅實的朝著自己的目標邁進。效率重視的是做一件工作的最好方法，效能則重視時間的最佳利用。

「正確的做事」與「做正確的事」有著本質的區別。「正確的做事」是以「做正確的事」為前提的，如果沒有這樣的前提，「正確的做事」將變得毫無意義。首先要做正確的事，然後才存在正確的做事。

在一次名人訪談節目中，博鼇亞洲論壇祕書長龍永圖問了馬雲一個問題：你（阿里巴巴）現在的供應商當中有多少是中小型企業？

馬雲的回答令龍永圖有些吃驚：「我們現在整個阿里巴巴的企業電子商務有一千八百萬家企業支持會員，幾乎全是中小型企業，當然沃爾瑪也好，家樂福也好，海爾也好，甚至GE都在我們這兒採購，但是我對這些企業一點興趣都沒有。」

龍永圖笑著說：「難怪人家說你是狂人，口出狂言。」在場的人們顯然都不太相信馬雲的大話。怎麼可能會有對大客戶不感興趣的企業呢？

馬雲不慌不忙的解釋道：「我只對我關心的人感興趣。我只對中小型企業感興趣，我就盯上中小型企業，順便淘進來幾個大企業，它不是我要的。就像你剛才講，龍（龍永圖）先生不購物，網上不購物，我一定沒有吃驚。但有一樣，我堅信一個道理，說有的人喜歡在海裡抓鯊魚、抓鯨魚，我就抓蝦米。我相信是蝦米驅動鯊魚，大企業一定會被中小型企業所驅動。所以我那時候就想企業在工業時代是憑規模、資本來取勝，而資訊時代一定是靠靈活快速的反應。我唯一希望的就是用信息技術、用互聯網、用電子商務去武裝中小型企業，使它們迅速強大起來。」

從這段對話中，我們瞭解到馬雲把大企業比做「鯨魚」，把小企業叫做

「蝦米」，阿里巴巴只對蝦米感興趣，它的主要客戶是小蝦米而不是大鯨魚。馬雲之所以盯緊「小蝦米」，眼裡只有「小蝦米」，其實是因為他對中國中小企業的瞭解，以及阿里巴巴自身的成長經驗。關於這一點，他講了一個故事：

二〇〇三年的冬天，馬雲到瀋陽去看市場，順便去見了兩個客戶。其中一個客戶見了馬雲就拉著他的手說：「我真想把你像佛一樣供起來。」馬雲納悶的說：「怎麼了？」原來，那位客戶的生意多虧了阿里巴巴。客戶在二〇〇三年一共有六十個客戶，五十八個是從阿里巴巴來的。

馬雲好奇的問他：「你是做什麼生意的？」客戶回答說：「我們企業很小，我們是做標牌生意的。」

馬雲自小生長在民營中小型企業發達的浙江，從最底層的市場一路過來，深知中小型企業的困境——被大企業壓榨、控制。「例如市場上一支鋼筆訂購價是十五美元，沃爾瑪開出八美元，但是一千萬美元的訂單，供應商不得不做，但如果第二年沃爾瑪取消訂單，這個供應商就完了。而透過互聯網，像上面故事中的小供應商就可以在全球範圍內尋找客戶。」

馬雲要做的事就是提供這樣一個平臺，將全球的中小型企業的進出口資訊彙集起來。「小企業好比沙灘上一顆顆石子，但透過互聯網可以把一顆顆石子全粘起來，用混凝土粘起來的石子們威力無窮。可以與大石頭抗衡。而互聯網經濟的特色正是以小搏大、以快打慢。」「我要做數不清的中小型企業的解救者。」

另外，馬雲還考慮到，因為亞洲是最大的出口基地，阿里巴巴以出口為目標；幫助全國中小型企業出口是阿里巴巴的方向，他相信中小型企業的電子商務更有希望、更好做。電子商務要為大陸中小型企業服務，這是阿里巴巴最早的想法。馬雲把大企業比做鯨魚，將小企業比做蝦米，他只注重蝦米的世界。

在馬雲的眼裡，小蝦米並不小，他們集中起來可以形成很強大的力量，實際上，很多大企業都是由很多中小企業支撐起來的。比如波音飛機，名氣大不大？可是造一架波音飛機需要有幾十萬個中小型企業給它提供零件，如果離開了這幾十萬個中小型企業，波音也好，Air Bus也好，都是沒戲唱的。

為蝦米服務，而不是追逐鯨魚，先徹底明確企業的發展方向，做正確的事，再正確的做事，這是馬雲的一貫作風。方向比距離更重要，如果首先做正確的事，方向對了，即使走得慢一點也能一步步的靠近成功。不走冤枉路就是捷徑。做正確的事，朝著目的地直線行走，而不是在錯誤的方向上一路狂奔。

試想，在一個工業企業裡，員工在生產線上，按照要求生產產品，其品質、操作行為都達到了標準，他是在正確的做事。但是如果這個產品根本就沒有買主，沒有用戶，這就不是在做正確的事。這時無論他做事的方式方法多麼正確，其結果都是徒勞無益的。做事要成功就要像馬雲所言：「要正確的做事。更要做正確的事。」

你的夢想應該是創辦一家偉大的公司

阿里巴巴不要為了錢上市，如果我們需要錢，我們還可以融更多錢，但是創辦一家偉大的公司真的比上市更為重要。——馬雲

二〇〇四年，在阿里巴巴獲得八千兩百萬美元戰略投資發表會現場，馬雲在接受媒體採訪時有記者問他：「現在不上市是不是擔心自己那麼多錢管不過來？」

馬雲的回答是：「這個不是主要原因，上市是個自然過程，阿里巴巴不要為了錢上市，阿里巴巴絕對不能因為上市而上市，融資是很容易的事情。如果我們需要錢，我們還可以融更多錢，但是創辦一家偉大的公司真的比上市更重

要。比如很多上市企業今天為了迎合華爾街的需要，必須每一個季度都得為一個季度活著。但是今天對阿里巴巴來說，我不需要為三個月或者六個月活著，我們做我們認為對的事情，我只要說服五個投資者就可以，而不是說服華爾街的五千人。

「未來的阿里巴巴我相信會成為一家成功的上市公司，因為上市是很自然的過程，在上市這個過程當中團隊的學習能力很重要。新浪、網易、搜狐為中國企業在納斯達克上市積累了很多經驗，對阿里巴巴來說他們的經驗學習更為重要，我們現在覺得儘管看來我們比別人準備得更好，但是我自己感覺我們還沒有準備好。」

俗話說「甘蔗沒有兩頭甜」。任何事情都不是只有好處，沒有一點兒壞處的。我們應該客觀看待。企業上市肯定是有好處的，比如可以不斷利用增資配股籌集資金，還可以增加企業的淨市值和債務股權比，借到低息貸款。如果企業能成功進行境外上市，其在業務市場上的地位自然會大幅度的提高，公司的名聲及信譽也會提高，這有助於公司鞏固現有的業務，拓展新的業務，也方便兼併收購，促進公司超常發展。

但是，上市也有不少值得我們注意的弊端。

這是比較簡單的分析，上市前後的差別非常的大。網易CEO丁磊公開自己對於網易上市時說：「上市就像裸奔，我現在追悔莫及，好像是年輕時犯下的美麗錯誤。」

網易於二〇〇〇年成功登陸美國納斯達克。丁磊說，上市「會導致公司過於透明」，在這方面在美國上市的網易吃虧尤大。丁磊介紹，美國股市每期季報都要求公司披露詳細財務報表，網易每款遊戲的盈利收入、玩家的增減和增減比例都需要詳盡介紹，對於公司近期的戰略安排也要披露。與不上市的對手相比，網易就成為一個「透明人」，「好像裸奔嘛，一舉一動對手都清清楚楚」。

有人戲稱「上市是一次逼迫自身吐出『難言之隱』」的過程。不少民營企業有著錯綜複雜的管理漏洞，上市意味著財務公開、管理公開。上市後，股東增多了，對企業家的約束力也增多了。企業家必須尊重小股東的權利，必須嚴格遵守現代企業公司治理的規則，重大經營決策需要履行一定的程式，有可能讓企業家失去部分作為私人企業所享受的經營靈活性。公開發行上市之後，大股東持有股票的相對比例會降低，還有可能影響企業家對公司的控制力。

上市後，要接受中國證監會、證券交易所等證券監管部門的監管，還要受到媒體和社會公眾輿論等廣泛監督。上市後要遵守的法律、法規和規章會增加，要遵守國家各項證券類法律法規、中國證監會和證券交易所頒佈的規章規則。而遵守這些規則肯定要增加企業成本。比如，要在《中國證券報》、《上海證券報》和《證券時報》等證監會指定的媒體上刊登公告。每年光在報紙上刊登公告的費用就得上萬元，甚至幾十萬、上百萬元。在上市前和上市後企業要向仲介機構支付不菲的費用，這在無形中就增加了企業的支出費用。

創辦一家偉大的公司比上市更重要，並不是企業具備了上市資格就一定要上市，等企業各方面發展都比較成熟了再上市，對企業和股民都是比較好的交代。雅虎的創始人楊志遠在三藩市舉行的Web2.0會議上說，如果他有機會重來，他不會讓雅虎這麼快上市。過早上市使雅虎公司成為二〇〇〇年初互聯網泡沫破裂的最大受害者之一。

馬雲在談到阿里巴巴上市問題時亦表達了這樣的觀點：

「對那些渴望上市的人而言。二〇〇〇年三月十日絕對是個值得紀念的日子。這一天，納斯達克指數創造了五千零四十八點的歷史紀錄。這個紀錄很可能伴隨著人們對.COM神話的回憶保持相當長的一段時間。一年後，盛極而衰的納斯達克在二〇〇一年三月十二日的收盤指數是一千九百二十三點。或者說，如今的納斯達克已經從峰頂跌落了百分之六十，有三萬億美元的財富從這個全世界最成功的高科技股市中蒸發掉了。如果你把上市當做目的，那麼你要知道有大多數公司就是這麼死掉的。

「上市就像我們的加油站，不要到了加油站，就停下來不走，還是得走，繼續走。在中國我們也要考慮上市，中國的股市現在不好，未必將來不好，畢竟中國這麼大的市場，這麼多的人口，資金這麼雄厚。股票是個加油站，目的不是去加油站，目的是做事情，你覺得需要加油了就去加個油，加好油再跑。」

阿里巴巴能夠抵擋住上市的誘惑而專注於「讓天下沒有難做的生意」的企業目標，馬雲能夠清醒的認識到上市只不過是實現目標的方式而不是終極目的，馬雲和他領導的阿里巴巴為自己制定了正確的目標並且始終堅持，取得如今之成就理所當然。

上市只是企業做大做強的方式，而非目標。上市的目的是讓公司運轉得更好。但是上市需要具備很多的條件，只有當時機正確、公司內部管理比較完善的時候上市，公司行走的才會更穩妥一些。

記住你想做什麼

我想說，不管是誰，永遠不要忘記：你從哪裡來，要到哪裡去，想做什麼，該做什麼。——馬雲

二〇〇七年十二月，馬雲在演講中說：「我在香港遇見一個朋友，他跟我說『馬雲，五十歲以前賺的錢不算錢，五十歲以後的成功才算成功』。現在，阿里巴巴剛剛走過八年，我們走過的路可以和很多人探討，也許我們未必可以走得很遠，但是我們會全心全意走得更好，把互聯網這個創意，不僅帶給中國，也帶給全世界。最後，我想說，不管是誰，永遠不要忘記：你從哪裡來，到哪裡去，想做什麼，該做什麼。」

阿里巴巴自創立以來，一直在從事電子商務，阿里巴巴做企業對企業、做淘寶等業務。憑藉著不斷增多的電子商務相關資訊，迅速確立自身的優勢。隨著業務的增加，面對企業對企業阿里巴巴、C2C淘寶以及B2C交易的買賣商家，如何確保他們可以從海量資訊中迅速選擇有效資訊？如何將這三種模式有效無縫整合，使資源相互共用、傳遞，最終實現價值最大化？如何讓買賣雙方在三個平臺中自由升級、轉化、過渡，最終實現一站式服務？這些成為阿里巴巴進一步發展急需解決的最大問題。而搜尋引擎，無疑是解決問題的首選方案。

當然，馬雲的收購雅虎並非為了盲目擴大領域，或許當年馬雲還有些年少氣盛，希望快點成功。如今經過一番歷練，他覺得很多人都一樣，第一天的夢想都很美好，但是行進中就發現自己已忘了第一天想要做的是什麼。於是，馬雲冷靜問自己：為什麼要收購雅虎搜尋引擎？是希望阿里巴巴成為與現在Google、百度一樣的搜索門戶，還是只為電子商務服務？最終他找到了答案：阿里巴巴第一天是說為電子商務服務，為什麼不返回到電子商務的軌道上？這樣沉靜下來思考，馬雲就覺得，阿里巴巴不需要做得很快，但是必須做得很好，必須得對中國的網友和電子商務真正有用。阿里巴巴需要搜尋引擎的明，否則其電子商務就會很不完美。

在二〇〇五年八月十一日阿里巴巴與雅虎合作的新聞發表會上，雙方同時宣佈：阿里巴巴收購雅虎中國全部資產，同時得到雅虎十億美元投資，打造中國最強大的互聯網搜索平臺，這是中國互聯網史上最大的一起併購。儘管身旁坐著雅虎公司的CEO丹尼爾・羅森格，馬雲卻是絕對的明星，是鎂光燈下的焦點。馬雲巧妙的利用一個特定的時間來揭幕一個極具轟動效應的事件，他說，今天是中國的情人節，阿里巴巴和雅虎七年的緣分，在今天能夠結合在一起。

這起收購達到了雙贏。從馬雲收購雅虎中國的背景可知，解決阿里巴巴的搜尋引擎問題是這次合作的主要原因，它將順利解決因尋找資訊困難、緩慢所導致的電子商務發展退步的問題。這著棋走對了，將滿盤皆活，突破搜索瓶頸，提升業務效率，加快發展步伐。雅虎的加入猶如給阿里巴巴的火箭安裝了助推器，將為馬雲的商業夢想插上有力的翅膀。

當然，這次收購對雅虎中國也大有裨益。雅虎創始人楊致遠表示：與阿里巴巴公司的結盟，將極大增強並支持雅虎公司的全球戰略及其在中國的影響力，阿里巴巴公司CEO馬雲以及阿里巴巴公司的管理團隊，對中國市場擁有深刻的理解能力，高效的管理能力，以及對互聯網未來發展機會的傑出戰略判斷能力。雅虎公司堅信，阿里巴巴公司將領導中國互聯網的電子商務搜索長期發展。顯然，雅虎非常看好中國這個市場，關鍵在於馬雲如何掌控雅虎中國的發展方向。

然而，對於這件互聯網行業的驚天收購案，仍然有許多人在驚訝之餘充滿疑惑：馬雲如此大手筆收購雅虎中國的最終目的是什麼？到底是阿里巴巴收購雅虎中國還是前者被後者收購？阿里巴巴加上雅虎中國，究竟是一個怎樣的組合？雅虎中國的加入能否成為阿里巴巴勝利的轉捩點？

面對這些疑問，馬雲只是將這一收購合作看成是很簡單的事情，他認為搜尋引擎只是為電子商務服務的一個工具，收購雅虎中國也只是為了獲得一個工具而已。搜尋引擎歸根究柢只是一個工具，既然它是一個工具，就必須為阿里巴巴的電子商務服務。這是他們收購談判的一個基本前提。

阿里巴巴收購了雅虎中國，並將其發展為專業的搜索業務，這無疑為阿里巴巴的下一步發展打下堅實基礎。馬雲在二〇〇六年三月的搜尋引擎戰略大會上發表講話，他說，搜索必須要有一個重大的改革，現在的搜索都是工程師的遊戲，全中國有十三億人口，真正懂技術的只有兩千多萬人，很多人跟他一樣不懂技術，他的工作是引導十三億不懂技術的人喜歡在網路上做生意，雅虎中國就是要讓不懂技術、不懂網路的人都能使用搜尋引擎，快速嘗試搜尋引擎。

經過一年多的嘗試，馬雲對雅虎中國的戰略定位更加清晰，他將雅虎中國門戶重組為一個面向企業、商務和富人的搜尋引擎。未來的電子商務一定離不開搜尋引擎，這是馬雲的商業實踐，也是他的商業邏輯。

依靠雅虎每年幾十億美元開發投入形成的技術實力，創建全球首個有影響力和創收力的專業化搜索，對於阿里巴巴而言，已不再是一件遙不可及的事情。而這個專業化搜索可以將電子商務所涉及的產品資訊、企業資訊、物流和支付等有關資訊串聯起來，逐步形成一種電子商務資訊標準，進而有力地推進阿里巴巴的電子商務，統領全國的電子商務市場。

阿里巴巴收購雅虎中國固然有很多其他方面的綜合因素和全盤考慮，但是找到一個超強的搜索工具完善阿里巴巴的搜尋引擎功能，從而快速優化、提高電子商務應用能力，無疑是馬雲這項收購業務的初衷和興趣所在。他按照自己的目標，邁出了完善他在電子商務系統中的第一步。

企業家可以有理想，但不可理想化，每走一步都要像馬雲這樣清楚的瞭解四個問題：你從哪裡來？要到哪裡去？想做什麼？該做什麼？問明白，想清楚這四個問題了，我們才能穩穩當當的將企業的方向部署完備。

人生境界的高低決定了成就的大小

我對規則，對規律，對莫名其妙的力量有尊重，有敬畏。我認為，現在的很多年輕人有點浮躁，缺乏信仰。何為信仰？信就是感恩，仰就是敬畏，還有要改變自己。我們總埋怨外界，別人是錯的，卻從來沒有想過自己應該做什麼，該做什麼樣的事情來完善自己。——馬雲

有什麼樣的目標就有什麼樣的人生，有多高的人生境界就能做出多大的成就。我們周圍有許多人都明白自己在人生中應該做些什麼，但就是遲遲拿不出行動來。其根本原因是他們欠缺一些能吸引他們未來的目標。有什麼樣的目標，就有什麼樣的生存意識！

馬雲是一個偉大的「佈道者」，是一個輝煌夢想的「鼓吹者」。馬雲的「I have a dream」是做中國人辦的全世界最好的公司，做世界十大網站之一，做個一〇二年的企業！

馬雲堅定不移地走著電子商務的道路，儘管電子商務也許三年、四年甚至五年都賺不到錢，但馬雲相信八年、十年之後一定能夠賺到錢。所以，阿里巴巴堅持把錢投入電子商務中。到今天為止，馬雲仍覺得自己當時的戰略措施是對的，在誘惑面前、在壓力面前阿里巴巴都沒有改變。

馬雲最值得人稱讚的是，他有一個堅定的信念，並為這個信念鞠躬盡瘁。他堅信互聯網會影響中國、改變中國，堅信中國可以發展電子商務。相信電子商務要發展，必須先讓客戶富起來，如果客戶不富起來，阿里巴巴就是一個虛幻的東西。馬雲希望阿里巴巴為中國創造非常多的百萬富翁、千萬富翁。

馬雲曾說：「最大的財富不是取得了什麼成績，而是經歷過失敗，犯過很多錯誤。失敗過的人，會把握每一次機會。豐富的過程能讓人成長，成長有快有慢，當擁有了別人所沒有的經歷時，就會有不一樣的人生境界。而所擁有的人生境界，決定了人所能達到的高度。企業是人做出來的，高度當然由人決定。

阿里巴巴的成績，來自於馬雲的人生境界。馬雲說：「我成功的原因之一是沒有錢。我們這幫人真的是想做點事，真的不是為錢做網路。很多人都懂得怎麼賺錢，世界上會賺錢的人很多，但世界上能夠影響別人，完善社會的人並不多，如果做一個偉大的公司，你就做這些事。」

有什麼樣的目標就有什麼樣的人生。對於沒有航向的船，來自任何方向的風，都是逆風。一個明確的目標，可以指引我們朝著成功的正確方向去努力，目標讓人產生活力，目標也能激發效率。

在心理學裡有一個「跳蚤效應」，其來源是一個實驗：生物學家曾經將跳蚤隨意向地上一拋，牠能從地面上跳起一米多高。但是如果在一米高的地方放個蓋子，這時跳蚤會跳起來，撞到蓋子，而且是一再的撞到蓋子。過一段時間後，你拿掉蓋子，你會發現，雖然跳蚤繼續在跳，但已經不能跳到一米以上了，直至生命結束都是如此。

在我們的人生中，很多人也有著類似的「跳蚤式」經歷，雖屢屢去嘗試成功，但是往往事與願違，屢屢受挫。經過幾次「碰壁」以後，便開始抱怨職場的遊戲規則過於殘酷，有的甚至開始懷疑自己的能力，以為「蓋子」已成為自己無法逾越的高度，在這種情況下，他們不是重整旗鼓，不惜一切代價去追求成功，而是一再的降低成功的標準。

因此，當「蓋子」掀起的時候，他們已經失去了挑戰的勇氣，不敢再跳，或者已習慣了，不想再跳了，他們往往因為害怕成功高度的限制，而不敢再去追求更高的人生目標。

有目標未必能夠成功，但沒有目標的人一定不能成功。現實中那些頂尖的成功人士不是成功了才設定目標，而是設定了目標才成功。

在生命中沒有一個中心目標的人，很容易受到一些微不足道的諸如憂慮、恐懼、煩惱和自憐等情緒的困擾。

一位美國的心理學家發現，在為老年人開設的療養院裡，有一種現象：每當節假日或一些特殊的日子，像結婚周年紀念日、生日等來臨的時候，死亡率就會降低。他們當中有許多人為自己立下一個目標：要再多過一個耶誕節、一個紀念日、一個國慶日，等等。等這些日子過去，心中的目標、願望已經實現，繼續活下去的意志就變得微弱了，死亡率便立刻升高。

許多人做事之所以會半途而廢，並不是因為困難大，而是目標距離太遠，正是這種心理上的因素導致了失敗。把長距離分解成若干個小距離，逐一跨越它，就會輕鬆許多。而且，目標具體化可以讓你清楚當前該做什麼，怎樣能做得更好。

一開始就追求最終目標是不切實際的，也是不可能的，正如大成就的獲得靠小成就的累積一樣，大目標的實現也是靠小目標的累積。任何目標都是逐步實現的，實現目標的過程是由現在到將來，由小目標到大目標，一步步前進的。

如果一生只是想想而已，從不曾付諸行動，那麼所有的願望都會落空。只有設立了明確的目標，以及為了切實實現目標而確定具體的計畫和期限後，你才會真正感覺到，強大的推動力正在鞭策自己高效率的去完成它。

創業有時候就是做一份喜歡的工作

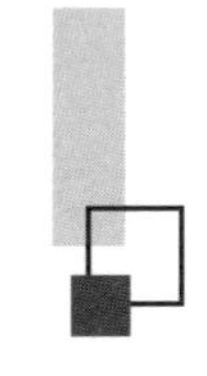

我經常跟朋友講，有時候做一份工作，做一份喜歡的工作就是很好的創業。——馬雲

對抗無法匹敵的對手
承受難以承受的悲痛
去往勇者亦畏懼之地
不管多麼絕望不管多麼遙遠
毫不猶豫地為夢想而戰
為了那光榮的使命

即使向地獄進發也毫不退縮
堅守著這光榮的使命閉上雙眼
內心定能得到安定與平靜
無所畏懼帶著傷疤的人
將戰鬥到最後
直到摘取夢想中的那顆星

這是堂吉訶德的主題歌。《不可能的夢》（《The Impossible Dream》）

我們都知道，堂吉訶德有臆想症，所以他懷揣著偉大的品行，高尚的初衷，吟誦著上面的壯懷詩句，一次次去挑戰不存在也毫無意義的對手。他的故事，被寫了一百萬字，流傳了四百年。

任正非說，燒不死的鳥才是鳳凰。

於是，明知山有火，我們偏向火山飛，百分之零點一成了鳳凰，翱翔九天；百分之九十九成了燒雞；還有一批在火上燒了又燒，烤了又烤，我們是鳳凰、燒雞，還是瘋了的堂吉訶德？

創業，是一個很光榮的夢想。但並不是誰都能創業，有理想是好事情，但也必須兼顧現實。

在《贏在中國》第一賽季晉級篇的第三場，選手李紅梅的參賽專案是醫療檔案管理軟體及相關資料業務服務。

李紅梅正對的市場是北美市場。馬雲認為她有兩個核心競爭力，第一個是整合資源，但是國外沒有資源，國內也要摸索，要如何整合資源呢？第二個核心競爭力是外包。馬雲說，如果外包是核心競爭力，那麼美國的公司為什麼不外包？

馬雲覺得她的項目很難，相當的難。他誠懇的建議她最好別創業。馬雲對李紅梅說：「我見過創業艱辛的人，但他說『我就願意創業』。我感覺從性格來講，你不是很適合創業。我經常對朋友講，有時候做一份工作，做一份很喜歡的工作就是很好的創業。你這個人很熱情、很善良，這些性格可以讓你成為一個非常好的員工，非常好的義工，為此完善自我，這可能很好，但是對於創業，我很坦誠的說，你真的不合適。」

創業最忌諱的就是先設定一個理想化的目標，然後在執行過程中不顧現實情況，一味的朝這個目標前進卻不知變通，甚至連生存都維持不了。

創業者一般都是理想主義者，但理想和現實的差距很大，即使有再好的創意、再縝密的思維，也不可能規劃出整個創業過程，所以能隨時的積極應對變化和挑戰是創業者必備的素質。

有些人選擇創業的原因是想擺脫辦公室的束縛，不再受制於人。創業確實可以贏得一定的自由空間，不過如果將此作為創業的首要目標，那就謬之千里了。創業者看似自由，實則最不自由。他要替客戶著想、為員工負責、受市場制約、甚至看投資人臉色，告別了朝九晚五的枯燥生活，卻陷入時刻殫精竭慮的狀態。

所以說，創業者雖然不再為老闆打工，但時時在為市場、客戶、員工打工。如果你不是一個好的打工者，或者說在曾經的職業生涯中沒有過成功的經歷，在職場中缺乏老闆思維，那麼也很難成功創業。在創業者中，經常看到的一種現象是先驅成為先烈，這說明創業不是只憑創意就行，還需要綜合的能力甚至包括運氣。

每一種選擇都有利弊，無論是創業還是打工，關鍵是看你適不適合，快不快樂。

有一個男孩，他連做夢都想成為帕格尼尼那樣的小提琴演奏家。他每天都在練琴，練得心醉神癡，走火入魔，但是他完全沒有這方面的天賦，怎麼練都進步甚微。周圍的人都很可憐他的這股癡勁，但又怕告訴他真相會傷了他的自尊心。

有一天，男孩去請教一位老琴師，並拉了帕格尼尼的一首曲子。他拉得如癡如醉，但依然破綻百出，令人不忍卒聽。老琴師很耐心的聽完之後，認真的問他：「孩子，你為什麼特別喜歡拉小提琴？」

男孩說，「我想成功，我想成為帕格尼尼那樣偉大的小提琴演奏家。」

老琴師又問：「那你快樂嗎？」

少年回答：「我非常快樂。」

老琴師告訴他：「孩子，你非常快樂，這說明你已經成功了，又何必非要成為帕格尼尼那樣偉大的小提琴演奏家不可？世界上有兩種花，一種花能結果，一種花不能結果，不能結果的花更加美麗，比如玫瑰，又比如鬱金香，它們在陽光下開放，沒有任何明確的目的，純粹只是為了快樂，這就夠了。快樂本身就是成功。」

聽了老琴師的話後，男孩心頭的那團狂熱之火終於沉靜下來了。他仍然常拉小提琴，從琴聲流淌出來的音樂中享受他的快樂，但是他不再受困於成為帕格尼尼的夢想。他的琴聲是他的快樂，而他的成功在於他提出了天才的狹義相對論和廣義相對論。他就是偉大的愛因斯坦。

每個人的基因、天賦以及周圍的環境，決定了他能成為什麼樣的人，做什麼樣的事。人也像花一樣，有一種人能結果，成就一番事業，而有一種人不能結果，一生沒有什麼建樹，只是一個普通人而已。當我們年輕的時候，以為什麼都有答案。可是老了的時候，才會發現其實人生並沒有所謂的答案，更沒有標準答案。

創業，是一條輝煌的路，也是現今社會離成功最近的路。現在我們所處的環境和氛圍都在「逼」著我們去成功，「都三十歲了，男的還沒車沒房、女的還沒釣到一個金龜婿，你徹底完了！」——在這樣的語境下，還沒有成功的人只會日益感到壓抑、焦慮和不安。不成功就是失敗，似乎已經成了毫無選擇的獨木橋。對於成功的過度焦慮，逼迫著人們開始全盤接受成功學宣揚的那些無比亢奮的觀點：「要成功先發瘋，頭腦簡單往前衝」，「如果我不能，我就一定要，如果我一定要，我就一定能」。

這些書拼命的鼓動渴望成功的人上足了情緒的發條亢奮的往前衝，但現實的結果卻是，亢奮過後還是亢奮，亢奮過後什麼也沒有，白白累了大腦，消耗了身體的能量。因為成功不是戰場上衝鋒陷陣，不是振臂一呼拎著炸藥包就上，更不是僅有熱血沸騰扛著砍刀奮勇殺敵就能取得勝利的。

創業也是一種生活，和天天上班打卡一樣，只是創業者的生活方式不太一樣，他們得工作，但他們為自己工作。不同的生活方式會帶來不同的感受，更需要不同的條件，因此，想知道適不適合，不僅要從感覺出發，還要從實際能力考慮。正如馬雲所說，做一份喜歡的工作就是很好的創業。總會有某個地方，某件事情，朝我們召喚，讓我們的心靈日夜不安，非要實現，才覺得心滿意足，擁有幸福。我們每個人都有自己既定的軌道，選擇創業還是選擇做員工，就像是選擇戀人，合適的人才會幸福。

第二章 堅持——沉沉的黑夜都是白天的前奏

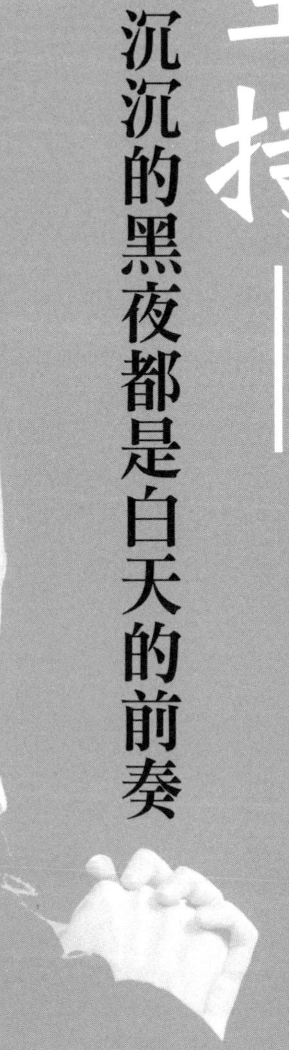

成功的背後也有很多失敗與挫折

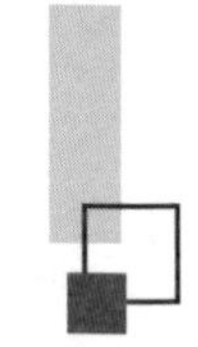

你喜歡看太陽，但是看太陽會很難受，而且太陽背後有無數的黑暗，成功的背後也隱藏著很多挫折和失敗。任何一個人的成功，別人看到的都是表面的光芒，卻看不到他背後付出的巨大代價。——馬雲

人生免不了失敗，生命中的每個失敗，每個打擊，都有其意義。困苦能孕育靈魂和精神的力量。所謂傑出的人，就是不斷挑戰失敗、不斷的在一次次失敗中爬起來，不斷攀登命運峻峰的人。

二〇〇二年馬雲在寧波會員見面會上說道：「實力是失敗堆積起來的，一點一點的失敗就是一個人的實力、一個企業的實力。我想，如果我年紀大，我

跟孫子吹牛說你爺爺做成多麼大的事情。孫子會說，這一點也不值得驕傲，剛好是互聯網大潮來了有人給你投資。當你講當年有哪些失敗的事情出來，犯了哪些很嚴重的錯誤，他可能會很崇拜地看著我。一個人最後的成功是因為有太多慘痛的經歷。」

實力不是靠錢積累的，而是靠失敗堆積起來的，或者說智慧是靠失敗堆積起來的。

馬雲在《贏在中國》的點評中說道：「作為一個創業者，是寂寞的，尤其在中國，創業者是非常寂寞的。但是參加《贏在中國》之後，我覺得創業者是快樂的，創業者是有團隊的，黑暗之中一個人走路是可怕的，那麼多人手拉著手走的時候那是快樂承擔，那是勇往直前。創業者沒有先、沒有後、沒有大、沒有小，大家都是在同一條起跑線上，你們每個人身上的精神，勇往直前的精神，不斷創新的精神，不放棄的精神也鼓勵了我，今後我也和大家一起重新開始不斷努力，繼續創業。」

成功和失敗，就像是硬幣的兩面，拋硬幣時不會總是同一面向上，所以一個人不會總是失敗也不會總是成功，關鍵是要在失敗中學會堅守、學會學習，然後等待成功的那一面翻過來。

某大公司招聘人才，應者雲集，其中多為高學歷、多證照、有相關工作經驗的人。

經過三輪淘汰，還剩十一個應聘者，最終將留用六人。因此，第四輪總裁親自面試，將會出現十分「殘酷」的競爭場面。但奇怪的是，面試現場出現了十二個考生。

總裁問：「誰不是應聘的？」

坐在最後一排的男子一下子站了起來：「先生，我第一輪就被淘汰了，但我想參加一下面試。」

在場的人都笑了，包括站在門口閒看的老頭子。總裁饒有興趣的問：「你連一關都過不了，來這兒又有什麼意義呢？」

男子說：「我掌握了很多財富，我本人即是財富。」

大家又一次笑得很開心，覺得此人不是太狂妄，就是腦袋有問題。

男子接著說：「我只有大專學歷，一個中級職稱，但我有十一年的工作經驗，曾在十八家公司任過職……」

總裁打斷他：「你學歷、職稱都不算高，工作十一年倒是很不錯，但先後跳槽十八家公司，太令人吃驚了。我不欣賞。」

男子站起身：「先生，我沒有跳槽，而是那十八家公司先後倒閉了。」

在場的人第三次笑了。一個考生說：「你真是倒楣蛋！」

男子也笑了：「相反，我認為這是我的財富！我不倒楣，我只有三十一歲。」

這時，站在門口的老頭子走進來，給總裁倒茶。男子繼續說：「我很瞭解那十八家公司，我曾與大夥努力挽救那些公司，雖然沒成功，但我從那些公司的錯誤與失敗中學到了許多東西，很多人只是追求成功的經驗，而我，更有經驗避免錯誤與失敗！」

男子離開座位，一邊轉身一邊說：「我深知，成功的經驗大抵相似，而失敗的原因各不相同。與其用十一年學習成功的經驗，不如用同樣的時間去研究錯誤與失敗；別人成功的經歷很難成為我們的財富，但別人的失敗過程卻是！」

男子就要出門了，忽然又回過頭對總裁說：「這十一年經歷的十八家公司，培養和鍛煉了我對人、對事、對未來的洞察力。舉個例子吧，真正的主考官不是您，而是這位倒茶的老人。」

全場十一個考生譁然，驚愕的盯著倒茶的老頭。那老頭笑了：「很好！你第一個被錄取了，因為我急於知道，我的表演為何失敗。」

「痛苦像一把犁，它一面犁破了你的心，一面掘開了生命的新起源。」古人講：「不知生，焉知死？」不知苦痛，怎能體會到幸福和快樂？人生之路，一帆風順者少，曲折坎坷者多，實力是由無數次的失敗和打擊堆積起來的。

被譽為「經營之神」的松下幸之助九歲起就去大阪做一個小夥計，後來，父親的過早去世又使得十五歲的他不得不挑起生活的重擔，寄人籬下的生活使他過早的體驗了做人的艱辛。

二十二歲那年，他晉升為一家電燈公司的檢查員。就在這時，松下幸之助發現自己得了家族病，已經有九位家人在三十歲前因為家族病離開了人世。他沒了退路，反而對可能發生的事情有了充分的心理準備，這也使他形成了一套與疾病作抗爭的辦法：不斷調整自己的心態，以平常之心面對疾病，調節身體自身的免疫力、抵抗力與病魔抗爭，使自己保持旺盛的精力。這樣的過程持續了一年，他的身體也變得結實起來，內心也越來越堅強，這種心態也影響了他的一生。

患病一年來的苦苦思索，改良插座的願望受阻後，他決心辭去公司的工作，開始獨立經營插座生意。創業之初，正逢第一次世界大戰，物價飛漲，而松下幸之助手裡的所有資金還不到一百元。公司成立後，最初的產品是插座和燈頭，卻因銷量不佳，使得工廠到了難以維持的地步，員工相繼離去，松下幸之助的境況變得很糟糕。

但他把這一切都看成是創業的必然經歷，他對自己說：「再下點工夫，總會成功的！已有更接近成功的把握了。」他相信：堅持下去取得成功，就是對自己最好的報答。皇天不負有心人，生意逐漸有了轉機，直到六年後拿出第一個像樣的產品，也就是自行車前燈時，公司才慢慢走出了困境。

一九二九年經濟危機席捲全球，日本也未能倖免，大量產品銷量銳減，庫存激增。一九四五年，日本的戰敗使得松下幸之助變得幾乎一無所有，剩下的是到一九四九年時達十億元的巨額債務。為抗議把公司定為財閥，松下幸之助不下五十次去美軍司令部進行交涉。終於改變了公司。

一次又一次的打擊並沒有擊垮松下幸之助，如今松下已經成為享譽全世界的知名品牌，而這個品牌也是在不斷的磨礪之中逐漸成長起來的。

人生如茶，失敗與坎坷可以沏開我們的懵懂、幼稚與生澀。我們每個人都是在坎坷中一次次跌倒的陣痛中，不斷的成長，不斷的增長智慧，不斷的增強適應社會的能力。並且，失敗要趁早。早年的時候多經歷一些失敗，吸取一些經驗教訓，未來的路才能走得更平穩一些，少一些重大失誤和重大遺憾。

阻礙，在某種意義上來說，也是一種前進。因為適當的阻礙，保障了前進的安全性。失敗，在某種意義上來說，也是一種成功。因為失敗有時能使我們發現短處，明確方向，從而更接近成功。磨礪到了，幸福也就到了。

如果放棄，你就失敗了

堅持會讓我們今天付出的一切努力有獨特的回報。——馬雲

一個人選定了一個目標就必須一直堅持下去。暫時的失敗並不能代表永遠的失利，一時的成功並不能代表永遠的成功，只有樹立遠大的理想，並在理想的道路上堅持下去，才能獲得最大的成功。

二〇〇二年是網路泡沫破滅最為徹底的一年，馬雲為阿里巴巴定的目標是：活著。他希望員工和公司一起堅持下去，等待來年的春暖花開。到二〇〇二年底，阿里巴巴不僅奇蹟般的活了下來，並且還實現了贏利。截至二〇〇六年十二月三十一日，阿里巴巴擁有超過三千五百名的專職雇員，成為全球首家擁有超過八百萬網商的電子商務網站，遍佈兩百二十個國家和地區，每天向全球各地的企業及商家提供八百一十萬條商業供求資訊，被商人們評為「最受歡迎的企業對企業網站」。這些輝煌業績的取得，其最初的種子就是在寒冬時期的那份堅持，是那股「生命不息，創業不止」的精神在鼓勵著他們，並伴隨他們創造了後來的諸多紀錄。

阿里巴巴挺過了一個又一個災難，靠的就是馬雲所說的一種精神：「Never never give up!」

馬雲曾說：創業是一輩子的創業，成功是一種堅持的成功。雖說在外界看來今天的阿里巴巴已經非常成功了，但是馬雲仍然不忘告誡公司員工，要對外界的讚譽置若罔聞，繼續堅持創業。因為放棄就等於失敗，只有堅持才能成功。

一個人如何生存和取得成功，這其中存在多種因素。眼光、境界、智慧、勇氣、謀略都是很重要的因素。但是，意志、韌勁、抗挫折能力，永不放棄的精神，才是最重要的。

馬雲說過一句名言：「今天很殘酷，明天更殘酷，後天很美好。但絕大多數人都死在明天晚上，只有真正的英雄才能見到後天的太陽。」

馬雲說：「中國網站六個月之內有百分之八十會死掉，就像新經濟，有百分之七十的想法要扔掉，只有百分之三十能實現下去。這時你跟競爭者拼誰能活著，誰能專注。不管多苦多累，哪怕是半跪在地上也得跪在那兒。跪著過冬，就是你站不住了也得跪著，不要躺下，不要倒。堅持到底就是勝利。如果所有的網站公司都要死的話，我們希望我們是最後一個死。這是個三千米的長跑，不是一百米的短跑，所以我說，需要有兔子一樣的速度，有烏龜一樣的耐力。我們要學會半跪生存。」

能夠在困難和反對聲中堅持自己的目標與使命，才是真正的考驗。美國第三十四任總統艾森豪說過：「在這個世界，沒有什麼比『堅持』對成功的意義更大。」什麼樣的人最強？是面對死亡依然不放棄、堅持活下去的人。

最開始創業的那段時間，和對手相比馬雲的力量還顯得非常弱小。甚至自己的創業夥伴都時常會打退堂鼓，需要他不斷的進行說服和溝通，以幫助他們打消心理顧慮，繼續跟他走下去。在這種情況下，馬雲本人超乎尋常的自信和堅定就發揮了作用。若回首總結阿里巴巴的整個發展過程，馬雲無疑為我們提供了許多成功的經驗，其中很重要的一條就是：只有活下來的才是強者。

世紀之交，互聯網行業進入寒冬時期。二〇〇〇年九月十日，阿里巴巴宣佈進入高度危機狀態。緊接著，二〇〇〇年年底，馬雲宣佈全球大裁員。頃刻間阿里巴巴內部人心惶惶，只有馬雲依然堅信：阿里巴巴的未來是光明的，無可限量的。不管怎麼說，馬雲當時選擇堅持確實是一個艱難的決定。當時大多數人都不看好阿里巴巴的未來，因為他們並沒有任何成熟的產品可以銷售，從那僅有十人的銷售隊伍就可以看得出來。

二〇〇一年馬雲立下誓言：二〇〇二年實現一元的贏利。最終他沒有違背諾言，二〇〇二年十二月底，阿里巴巴實現了一元的贏利。從此他開始了越發

「離譜」的理想主義計畫。在二〇〇二年的年終會議上，馬雲提出：二〇〇三年阿里巴巴全年務必實現贏利一億元。從一元到一億元的飛躍，簡直是癡人說夢，在進行討論時反對馬雲的人甚至站起來拍桌子叫罵。然而馬雲決心已定，不可更改。但出人意料的是，正如馬雲所預期的那樣，二〇〇三年阿里巴巴很順利的完成了一億元的贏利。還是在年終會議上，又一個瘋狂的目標被拋了出來：二〇〇四年實現每天利潤一百萬，二〇〇五年每天繳稅一百萬。

馬雲說：面對困難，第一要相信你能活，第二要相信你有堅強的存活毅力。只有堅強的活下去，這樣的人才是生活的強者。當目標正確的時候，放棄就等於失敗，只有堅持才能成功。

西點著名校友國際銀行主席歐姆斯特德說過：「以頑強的毅力和百折不撓的奮鬥精神去迎接生活中的各種挑戰，你才能免遭淘汰。」

西點的錄用標準是極其苛刻的，其淘汰機制更加嚴格。毫不誇張的說，考入西點與考入美國的一流大學一樣難。在一九九九年美國公佈的全國大學錄取率統計中，西點軍校的錄取率為百分之十一，與哈佛大學、耶魯大學、哥倫比亞大學等常春藤高校一起，被列為美國最難考的大學。

儘管西點軍校接受議員的推薦名單，但議員的推薦名額也有明確的法律規定：每個州十個名額，由兩名參議員從該州各推薦五名；每個國會選區五個名額，由該選區選出的眾議員從該選區推薦；副總統可從全國範圍內挑選五人。如果不超出招生名額，總統可從連續服役八年以上軍人的子女中挑選三十人。軍種部長可從該軍種士兵中挑選三十人。

對這些優秀分子，西點軍校也有指標清晰的淘汰規定：四個學年結束時總淘汰率要保持在百分之二十五左右，其中第一年就必須淘汰百分之十的學員。全程淘汰制度維持了能夠通過四年學業的人，基本上都是能夠在艱苦條件下承擔重任絕不輕言放棄的人。

因此，每一個真正的西點人，都是長跑中的勝利者。西點的學校生活就是戰爭生活，訓練場就是戰場，訓練中體現了戰場上的嚴格與殘酷。西點學員要經歷大量的痛苦和折磨；要與阻礙、困苦作大量的奮鬥。在他們的詞典裡，沒有「放棄」這一個詞。

其實，競爭有時就是意志的較量，咬牙挺住了，勝利就很可能屬於你。一切貴在有恆，只要堅持，再弱小的力量也能創造出意想不到的效果。永不言敗是一種不達目的誓不甘休的勇氣，更是一種智慧，一種堅持到底、開拓進取的動力源泉。

第二次世界大戰後，功成身退的英國首相邱吉爾應邀在劍橋大學畢業典禮上發表演講。經過邀請方一番隆重但稍顯冗長的客套之後，邱吉爾走上講臺。只見他兩手抓住講臺，注視著觀眾，大約在沉默了兩分鐘後，他開口說：「永遠，永遠，永遠不要放棄！」接著又是長長的沉默，然後他又一次強調：「永遠，永遠，不要放棄！」最後，他在再度注視觀眾片刻後回座。場下的人這才明白過來，緊接著便是雷鳴般的掌聲。

這場演講是演講史上的經典之作，也是邱吉爾最膾炙人口的一次演講。邱吉爾用他一生的成功經驗告訴人們：成功根本沒有祕訣，如果有的話，也只有兩個：第一個是堅持到底，永不放棄；第二個就是當你想放棄的時候，回過頭來照著第一個祕訣去做，堅持到底，永不放棄。

在困難的時候要用左手去溫暖右手

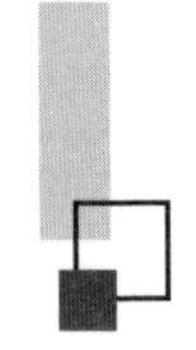

在困難的時候，你要學會用左手去溫暖你的右手。——馬雲

外人看到的都是企業家光輝燦爛的時候，其實他們付出的代價，沒人知道。馬雲說企業家所經歷的一切，大家看到的輝煌一面只占百分之二十，艱難的一面達到百分之八十，多年來他都是一路挫折，沒有輝煌的過去可談。每一天、每一個步驟、每一個決定都是艱難的。在別人看來，阿里巴巴這一年發展得非常快，其實是這一年內他們積累了五年的經驗，而且付出的比人家十年的還要多。

馬雲認為最珍貴的是犯了很多錯誤，走了很多冤枉路，使得他和他的團隊更有信心面對明天的挑戰。別人沒想到辦互聯網企業會這麼痛苦，但自己有比這痛苦二十倍的心理準備，所以不會失敗。只要面對現實，敢於承認錯誤，總會有辦法解決。

創業者應該期待在未來的路上有更多的磨難，這樣可以幫助創業者迅速成長，更快的成功。馬雲說，害怕困難是人的本性。每個人在遇到困難時都會有一種負面的情緒。但是，創業過程中，困難是非常多的。要如何去調整自己的情緒以渡過難關，是一個心態問題。

馬雲給出了他的經典建議：在自己困難的時候，要學會用左手去溫暖你的右手。在自己開心的時候，把開心帶給別人，在不開心的時候，別人才會把開心帶給自己。開心快樂是一種投資，自己開心就要和別人分享，然後有一天別人會會回報自己。

如果創業第一天就說，自己是來享受痛苦的，那麼就會變得很開心。創業的樂觀主義很重要，銷售十次，十次為零，出去以後，果然是零，說得真對，要獎勵自己一下。

馬雲認為，「用左手去溫暖右手」是創業者必須具備的一種心態，要學會自己保護自己，盡自己最大的力量去面對創業的種種艱難。創業從來都是與坎坷相伴，哪個創業成功人士背後，沒有一段充滿辛酸與充滿淚水的往事？馬雲很樂觀的說，面對各種無法控制的變化，真正的創業者必須懂得用樂觀和主動的心態去擁抱。當然變化往往是痛苦的，但機會往往在適應變化的痛苦中獲得。這麼多年來，他已經經歷了很多的痛苦，所以就不在乎後面更多的痛苦，反正來一個他滅一個。

如果自己成功了，原因是什麼，馬雲覺得是永不放棄。這答案有點普通，事實上，這個世界上，很多東西都是普通的。

現在這個時代，有時候很講究人所謂的背景，在某些背景之下，有的人從小是好學生，上一流大學，然後進好的公司。那沒有背景的怎麼辦？馬雲說，沒有背景就認為自己不行嗎？沒有背景我們可以去創造背景。

坊間曾有傳言說，早年馬雲去應聘服務生的時候，別人因為身高的問題拒絕了他，馬雲笑稱這事不是真的，即使是真的，也沒有什麼好沮喪的。他說，沮喪有用嗎，現在自己碰到的失敗的事情也很多，自己怎麼沮喪？生活就是這樣，得到了一定會失去，失去了東西也一定會得到一點東西，什麼都想得到怎麼可能？也正因為這麼多年的挫折和教訓，使馬雲對失敗看得很輕，對成功也看得很輕，他說，成功來了，自己就知道可能有不好的事情會來。所以他跟很多年輕人，同事，還有外面學校的校友、學弟妹們講，如果他本人能成功，大部分的人也都能成功，別放棄這一次機會，永遠不要放棄，自己有這個夢想，用智慧，有勇氣，走正道，一定會有機會成功的。

在事業上獲得巨大成功的馬雲，被很多人評價為缺乏大公司領導者應有的相貌和氣質。對於自己的長相，馬雲從來都是信心十足的。他說自己不比別人多一個腦袋，人又瘦，還那麼醜，所以總是很努力。馬雲的理由是因為長得醜，沒有本錢，只能不斷努力。他很坦然的自嘲，卻見詼諧和幽默。

從內心來講，馬雲是反對大學生創業的。他說，大學生的任務就是把書讀好，因為創業過程中有許多倒楣的事情。他自己踩過三輪車，賣過書、賣過麵包、當過老師，中間有太多事情。所以一個大學生，首先應該抓緊時間把書讀好，其次要做的是參加一些社會實踐活動，社會實踐比創業更重要。他覺得創業很難，是一輩子的事情，上大學不要創業。

按常規來說，創業成功的人，一般會告訴別人創業是多麼美好，所以幾乎沒有人相信，以上這段話是馬雲在創業成功後所說的。但是我們應該相信馬雲說的是真話，因為創業就意味著困難。

《贏在中國》中有一位新疆賽區入圍的選手，名叫譚曼生，他在面臨三次創業失敗後，想選擇了走向另外一個世界。他非常崇拜馬雲，尤其欣賞「用左手去溫暖右手」這句話。因此，有記者就這一事件採訪了馬雲。

在採訪中馬雲說道：第一個反應是不相信，他剛剛從會場出來，然後馬上上網看了看，因為他一開始還想是不是一件假事，但仔細看了一下譚曼生的部落格以後，他覺得自己特別想跟譚曼生和所有想創業的人講幾句話。

首先，如果有一百個人創業，其中有九十五個人可能會失敗，剩下的五個人，四個人是快要失敗，還有一個是可能成功的人。所以說失敗是絕大部分創業者一定會碰到的問題。

其次，他覺得創業者要知道這樣一種境界：痛苦的堅持，快樂的去死。這句話的意思是創業的過程是痛苦的，創業者要不斷的克服困難，獲得更大的成功；百年以後，當自己死的時候，會覺得很快樂。人的一生，奮鬥過了，得到了快樂。從創業的第一天起，他覺得任何一個創業者都要有這個心理準備，每天要思考自己未來的十年、二十年要面對什麼，譚曼生碰到的倒楣事，在這幾十年遇到的困難中，只是小小的一部分。

當記者問馬雲，如果譚曼生在他面前的話，他是不是會用自己的雙手溫暖譚曼生的雙手？還是告訴譚曼生要用自己的雙手溫暖自己？

馬雲回答說：還是要用自己的雙手溫暖自己，困難是自己走過來的，沒有親身經歷過困難的人，就無法克服更多的困難。他能幫助譚曼生一次，很難滿足第二次，人只有靠自己。另外還要記住，這個世界充滿著愛，充滿著關懷和關心。

馬雲用自己的左手去溫暖右手，是一種堅強，一種信仰，一種在困境中奮發的良好心態，一種創業成功或者失敗寵辱不驚的必備條件。古人常說「人貴有恆」，馬雲有恒心，更有樂觀的心態。

成大業者須拿得起放得下

沒做完善就該收回，別把自己當英雄，當品牌。我們後退一步，這是阿里巴巴有史以來最大的進步，能進能退方為大丈夫。——馬雲

放棄，是一種智慧，是一種豁達，它不盲目，不狹隘。在不能擁有時，也要學會適時放棄。這是一種態度，一種策略和手段。

「永不放棄」是馬雲的人生座右銘。但實際上，在面對無法改變的事實時，馬雲也會做壯士斷臂之舉，適時選擇放棄。做大事要拿得起放得下，在適當的時候適時的選擇放棄，並不與他的人生觀相衝突，而是為了能更好的實現自己的最終目標。

一九九五年，馬雲創立中國黃頁。當時，中國黃頁的確是中國第一家商業網站。但是當馬雲經過艱苦創業步入正軌時，競爭對手紛紛出現了。特別是一九九六年初，幾乎一夜間冒出了好幾家強大的競爭對手：東方網景、亞信、西湖互聯……新生的中國互聯網競爭驟然激烈起來。

而在這些企業中，作為創始者的「中國黃頁」恰恰是最沒背景、資本實力最弱的一個。沒幾個回合下來，中國黃頁就失去了還手之力。馬雲最終不得不放棄中國黃頁，另謀出路。

我們應該學習馬雲「永不放棄」的創業精神，同時當理想與現實出現巨大偏離的時候，也要學會適時放棄。

放棄，對心境是一種寬鬆，對心靈是一種滋潤，它驅散了烏雲，它清掃了心房。有了它，人生才能有爽朗坦然的心境；有了它，生活才會陽光燦爛。放棄是一種睿智。

儘管你的精力過人、志向遠大，但時間不容許你在一定時間內同時完成許多事情，正所謂：「心有餘而力不足。」所以，在眾多的目標中，我們必須依據現實，有所放棄，有所選擇。

中國雅虎總裁認為阿里巴巴的戰略選擇展現了一種「大捨大得」的精神。淘寶網是否要收費？面對這個問題馬雲一直這樣認為：「淘寶要真正賺錢，我還是這句話：要開始考慮賺錢的時候，是你幫別人真正賺了錢的時候。但現在，還不是淘寶收費的時機，因為市場還需要培育。就像幾年前我經常講的，如果阿里巴巴在路上發現小金子，不斷撿起來，當他身上裝滿的時候就會走不動，就永遠到不了金礦的山頂。」

二〇〇七年馬雲在阿里巴巴的年會上指出：「淘寶、支付寶、阿里軟體以及雅虎都不要著急，尤其對於淘寶和支付寶而言，目前最急切的任務就是做規模。」

馬雲把企業分成三種類型，他說：「一般企業分為三類，生意人、商人、企業家。生意人是所有賺錢的生意都做，商人是有所為有所不為，企業家是影響這個社會，創造價值。阿里巴巴已經過了生意人和商人的階段，我們對賺錢的興趣並不大，我們想能做些影響這個社會、創造價值的事情，這是我們所希望的。」

在一九九九年，阿里巴巴創立的初期，馬雲表示：「阿里巴巴要在三年內衝到納斯達克。」然而在二〇〇〇年年底，馬雲突然宣佈：短期內，阿里巴巴網站不會上市。馬雲認為：「上市並不是終極目標，在網站未有贏利收入前，阿里巴巴網站不打算上市。」

二〇〇三年，馬雲針對上市問題再次發表看法：「每個人都在問我上市的事情。我最後重申一次，我現在不想上市。我們太年輕了，公司創建才四年，員工的平均年齡才二十七歲，內功還不夠好。但我不是說我絕對不會上市。我的邏輯是，如果今年上市只能支撐十元的股價，而三年後可以達到三十元，那為什麼不等到三年後呢?上市後不可避免的要應付每個季度的報表，它可能會讓我們放棄更長遠的策略。對眼下的阿里巴巴而言，做大做強比上市更迫切，與其迫於競爭壓力和輿論壓力被動上市，不如不上市。」

馬雲說：自己站穩了才能打出去。

貪婪是大多數人的毛病，有時候只抓住自己想要的東西不放，就會給自己帶來壓力、痛苦、焦慮和不安。往往什麼都不願放棄的人，結果卻什麼也沒有得到。如果在放棄之後，煩亂的思緒梳理得更加分明，模糊的目標變得更加清晰，搖擺的心變得更加堅定，那麼放棄又有什麼不好呢？

理想是美好的，但現實是殘酷的，認清理想與現實之間的關係對於企業家來說尤為重要。龍永圖認為尋找與環境的相容性是企業家實現理想和目標的基礎。企業家若空有理想，而沒有對現實和環境的認識，那麼企業很可能還沒成形便已夭折。一個過於理想化的企業家，往往會令企業的成長道路佈滿荊棘。人生總要面臨許多選擇，也要做出一些放棄。要學會選擇，首先要學會放棄。放棄是為了更好的調整自我，準備良好的心態向目標靠近。

人生在世，有許多東西是需要不斷放棄的。在仕途中，放棄對權力的追逐，隨遇而安，得到的是寧靜與淡泊；在淘金的過程中，放棄對金錢無止境的掠奪，得到的是安心和快樂；在春風得意、身邊美女如雲時，放棄對美色的佔有，得到的是家庭的溫馨和美滿。

苦苦的挽留夕陽，是傻人；久久的感傷春光，是蠢人。什麼都不放棄的人，往往會失去更珍貴的東西。今天的放棄，是為了明天的得到。

懂得放棄才有快樂，背著包袱走路總是很辛苦。能夠放棄是一種超越，當你能夠放棄一切，做到簡單從容的活著的時候，你生命的低谷就過去了。

也許有時我們只看到放棄時的痛苦，而忘記了那些如果我們不放棄就會得到的更大的痛苦。所以我們要學會放棄。放棄是一種境界，大棄大得，小棄小得。

在困難的時候說「我能」

對所有創業者來說，永遠告訴自己一句話：從創業的第一天起，你每天要面對的是困難和失敗，而不是成功。困難不是不能躲避，但不能讓別人替你去扛。——馬雲

貝弗里奇說：「人們最出色的工作往往是在處於逆境的情況下做出的。心理上的壓力，甚至肉體上的痛苦都可能成為精神上的興奮劑。很多傑出的偉人都曾遭受心理上的打擊及形形色色的困難。若非如此，他們也許不會付出超群出眾所必需的那種勞動。」

馬雲說：「困難是不能躲避的，也不能讓別人替你去扛，擁有強大的抗打

擊力至關重要。」

在二〇〇四年在阿里巴巴五周年慶典上馬雲說道：「現在網路開始復甦，競爭會越來越激烈，越來越殘酷。在我們周圍會產生許多競爭者。我們要向競爭者學習，要尊重對方。越來越多的人關注我們，抄襲我們，大家不用緊張，抄襲對方是不會成功的。我們要尊重對手，選擇優秀的競爭對手，如果把理智的競爭對手打成無賴，我們就成功了！我們希望在最困難的時候說：『我能！』」

同樣馬雲在二〇〇七年的《贏在中國》中有過這樣的點評：「競爭會越來越激烈，越來越殘酷，要學會在最困難的時候說『我能』。培養抗打擊力每次的打擊，只要你扛過來，就會變得更加堅強。我又想，通常期望越高，結果失望越大，所以我總是想明天肯定會倒楣，一定會有更倒楣的事情發生，那麼明天真的有打擊來了，我就不會害怕了。你除了重重的打擊我，還能怎樣？來吧，我都扛得住。抗打擊能力強了，真正的信心也就有了。」

馬雲還說：「對所有創業者來說，永遠告訴自己一句話：從創業得第一天起，你每天要面對的是困難和失敗，而不是成功。困難不是不能躲避，但不能讓別人替你去扛，任何困難都必須你自己去面對。創業者任何時候都要勇往直前，而且要不斷創新和突破，直到找到一個方向為止。跌倒了爬起來，又跌倒再爬起來。如果說有成功的希望，就是我們始終沒有放棄。」

失敗對堅定的人來說是一種考驗，它是成功前的一次測試。成功的富豪都經過失敗的歷練，失敗教會他們成功。即使他們被打倒在地，依然會很堅定的說：「我能！」

萬向集團總裁魯冠球兒時家境貧寒，他的父親在上海一家藥廠上班，收入微薄。他和母親在貧苦的農村相依為命，日子過得十分艱難。國中畢業後，為了減輕父母沉重的生活負擔，魯冠球回家種田，過起了普通農民的生活。十四五歲本來是讀書的大好時光，告別學校的魯冠球內心是很痛苦。他暗下決心，一定要出人頭地。

魯冠球明白，靠種莊稼永遠無法擺脫目前的困境，也不可能實現自己的遠大抱負。於是，他決定離開浙江農村去上海闖蕩，想讓父親幫忙找些事做。但父親非但沒有給他找到工作，自己也很快退休回了老家。魯冠球感到很失望。怎麼辦呢？路畢竟要走下去啊，還要回到那幾畝稻田裡嗎？不！他一定要走出面朝黃土背朝天的生活。

後來，經人幫忙，魯冠球到蕭山縣鐵業社當了個打鐵的小學徒。此後，魯冠球就成了鐵匠。打鐵是非常苦的工作，一個十五歲的鄉下孩子晚睡早起的跟著大師傅掄鐵錘，一天到晚大汗淋漓，而工錢卻少得可憐。但魯冠球卻非常滿足，他慶倖自己有了一份不錯的職業。然而，命運往往捉弄人，就在魯冠球剛剛學成師滿，有望晉升工人時，遇上了三年困難時期，企業、機關精簡人員，他家在農村，自然被「下放」回家了。魯冠球感到自己又一次陷入了失意的境地。他知道，他必須尋找新的突破點。

魯冠球的三年鐵業社學徒生活使他對機械設備產生了一種特殊的情感，那是一種用勞動的汗水凝成的情感。當時寧圍鄉的農民要走上七八里路才能到市場上磨米麵，魯冠球也不例外。久而久之他竟然不自禁的對軋麵機、碾米機「一見鍾情」。而且他發現，鄉親們磨米麵要跑的路太遠了，很不方便，如果在自己的村子辦一個米麵加工廠，一定很受大家歡迎，而且可賺些錢。如果自己能買機器，既省了磨麵的錢，又省了鄉親們的時間。親友們得知魯冠球的這一想法後，都很信任他，也很支持他，紛紛回家翻箱倒櫃，勒緊褲腰帶湊了三千元，買了一台磨麵機、一台碾米機，做起了一個沒敢掛招牌的米麵加工廠。

那個年代是禁止私人經營的。魯冠球經營米麵加工廠的消息不脛而走後，上級政府就給了他「不務正業，辦地下黑工廠」的罪名，立即派人查封。魯冠球和鄉親們一面到處托人求情，一面「打一槍換一個地方」。一連換了三個地方，最後還是在劫難逃。魯冠球這條「資本主義尾巴」被揪住了，並且被狠狠地砍了一刀——加工廠被迫關閉，機器按原價三分之一的價錢拍賣。當時的魯冠球負債累累，只能賣掉剛過世的祖父的三間房子，變得傾家蕩產。

魯冠球很長時間都吃不下飯、睡不好覺，整日閉門不出。讓他感到特別痛苦的不僅是這次商業試驗本身的失敗，還有失敗給家裡帶來的巨大壓力，父母用血汗換來的錢就這樣化為烏有。但是，魯冠球沒有消沉，沒有埋怨命運，沒有抱怨生活，而是重新挑起生活的重擔，奮然前行。沒過多久，他成立了農機修配組，修理鐵鍬、鐮刀，自行車等。後來，他的農機修配組的生意越做越好了。

機遇永遠垂青於有準備的人。一九六九年，寧圍公社的領導找到了魯冠球，要他接管「寧圍公社農機修配廠」。這個農機修配廠其實是一個只有八十四平方米破廠房的爛攤子。很多人擔心魯冠球會陷進去難以自拔，但魯冠球以其敏銳的觀察力認定可以以此作為創業的起點。於是，魯冠球變賣了全部家當，把所有資金都投到了廠裡。雖然這個工廠前程未卜，魯冠球卻把自己的命運完全押在了這個工廠上。

魯冠球真正的成功是與萬向節密不可分的。萬向節是汽車傳動軸與驅動軸之間的連接器，因其可以在旋轉的同時任意調轉角度而得名。當魯冠球開始接觸萬向節時，全國已有五十多家生產廠商，而且產品飽和，唯一有空間的市場是生產進口汽車萬向節。一個鄉鎮小企業想生產工藝複雜的進口汽車萬向節，在許多人看來，無異於飛蛾撲火。而且，魯冠球不惜放棄七十多萬元產值的其他產品，把所有資源都集中在萬向節上，讓許多人難以理解。

今天，當我們重新審視這一決策時，不能不為魯冠球過人的判斷力和選擇小廠走專業化的道路而拍案叫絕。萬向節雖然生產出來了，但是一九七九年當魯冠球為剛剛問世不久的產品尋找銷路時，卻遇到極大的困難。在計劃經濟體制一統天下的情況下，一個出自鄉鎮企業的產品很難取得計劃經濟體制的幫助。萬向節必須自己創天下。魯冠球租了兩輛汽車，滿載萬向節參加山東膠南全國汽車配件訂貨會，三萬名客商，沿街的展銷點，卻沒有魯冠球的一席之地。三天過後，魯冠球摸清了各路廠家的價格，毅然提出大降價的決定，市場頃刻之間發生了變化，魯冠球站在了市場的最前面。

成功的面前總是會有一些障礙，只有像魯冠球一樣能夠克服困難走過去的人，才有資格品嘗勝利的自豪和快樂。

創業者要有堅強的意志和持久戰的毅力，把創業路上的坎坷視為當然。一個人能否能夠成功，可以依靠幾年的好運和努力，或者一兩次機遇就足夠了。但一個人能否成為「大生意人」，「大企業家」，成就足以使他人和後人欽佩的事業，則需要持之以恆的努力和付出。一家優秀企業的形成，一份長久事業的形成，甚至一個優秀產品的形成，往往都不是一兩年、三五年所能做到。他更可能需要創業者的畢生心血。創業路上平常心很重要，堅韌的毅力是創業者應該具備的第一素質。

在最困難的時候多熬一秒鐘

永遠不要跟別人比幸運，我從來沒想過我比別人幸運，我也許比他們更有毅力，在最困難的時候，他們熬不住了，我可以多熬一秒鐘、兩秒鐘。有時候死扛下去總是會有機會的。——馬雲

馬雲獲「二〇〇四年中國經濟年度人物獎」時發表感言說：「五年以前也是這個時候，在長城上，我跟我們的同事想創辦一個全世界最偉大的公司，我們希望全世界只要是商人就一定要用我們的網路，當時產生這個想法，被很多人認為是瘋子，這五十年裡一直有很多人認為我是瘋子，不管別人怎麼說，我從來沒有改變過一個中國人想創辦全世界最偉大公司的夢想。一九九九年，我

們提出要做八十年，在互聯網最不景氣的二〇〇一年和二〇〇二年，我們在公司裡面講得最多的詞就是『活著』。如果全部的互聯網公司都死了，而我們還活著我們就贏了。我永遠相信只要永不放棄，我們還是有機會的。最後，我們還是堅信一點，這世界上只要有夢想，只要不斷努力，只要不斷學習，就有成功的那一天。今天很殘酷，明天更殘酷，後天很美好，但絕大部分是死在明天晚上，所以每個人都不要放棄今天。」

馬雲認為，「有時候死扛一去總是會有機會的」。堅持就是勝利，冬天來了，春天還會遠嗎？這些都是我們耳熟能詳的句子，但裡面包含的哲學道理就未必人人盡知了。

易學原理認為，宇宙是由太極一分為二而成的，太極分陰陽，所以任何事物都是有陰陽兩個方面組成的，陽中有陰，陰中有陽，萬物負陰而抱陽，這一點我們從太極陰陽圖就可以看出來。

另外，易學原理也認為，陰陽雙方會互相轉化，陰到了極點就轉化為陽，陽到了極點就轉化為陰（也就是我們平常說的「物極必反」），比如夏至陽到了極點後，就開始轉化為陰了，天氣就慢慢變冷了，冬至陰到了極點後，就開始要轉化陽了，天氣也就慢慢變暖了，這一點與馬克思辯證哲學的矛盾相互轉化原理是一致的，冬天都已經來了，也意味著，陰到了極點了，陰的一面已經到了窮途末路了，春天也就不遠了。

一個企業從創業草成，再到成長壯大，肯定會碰到各種困難，甚至遭遇絕望的境地，那個時候其實就是考驗信念和毅力的時候了，陰到了極點的時候的確是難受的，就像冬至的時候冷到了極點一樣，但只要自己的方向是對的，堅持一下，扛下去，機會就來了，絕望之後就是希望。其實不管做什麼事，只要認定了，就一定會有希望的，好比挖井，只要一直往下挖，總會把水挖出來的。

創業者找到自己認為正確的方向，便開始了艱難的打拼，這就是一種不畏困難的堅韌的品質；面對失敗的打擊，創業者能夠積極的反思，從而發現自身的不足，重新站起來，這就是堅韌的品質。因此可以說，堅韌是一個創業者應該具備的品質。在創業的道路上有太多困難險阻，只有堅韌，才能一直向著自己的目標，勇往直前。

在熱播電視劇《士兵突擊》中有這樣一個場景：

鋼七連被整編了，戰友走了，只剩下許三多和連長。偌大個連隊，暫態空空如也，除了黑暗就是寂靜。還有飄浮在空氣裡的壓抑，幾乎要把人壓得喘不上氣，它似乎在體內向外膨脹，卻又找不到溢出的縫隙。

許三多在那一晚，精神經歷了一番前所未有的磨礪。從進入鋼七連的那一天起，許三多就在承受著超於他人數倍的壓力。從史今退伍，自己被迫當了代理班長，到戰友陸陸續續的復員、調離，許三多經歷了一次又一次重創。今天的自己，又該何去何從？許三多感覺自己被掏空了，哪怕是一棵小小的稻草都有可能將自己壓趴。

伍六一臨走時留下的明信片就在手邊，他說：班長說，頂不住了就給他寫信。

許三多想了又想，終於落筆：「班長，六一說頂不住就給你寫信，我早頂不住了……」

怔了一會兒，又換了張信紙：「六一說頂不住就給你寫信，不知道該不該寫，因為我不知道還能不能頂住……」

最後，許三多收起了信紙，放棄了寫信的打算，他說：「那天晚上明白一件事，頂得住和頂不住是個選擇題，我們沒有選擇頂不住的權利，這個答案在入伍的第一天就已經定下了。」

許三多知道自己別無選擇，他只能挺起不算寬闊的胸膛，直起不算挺拔的脊樑，逼著自己去擔當。士兵就應該這樣，優秀的人士就應該這樣。

壓力一定存在，重要的是你能不能以一顆堅強的心去面對，就像與許三多一起當兵的老鄉成才所說的那樣：「世界上沒有能喝的人，只有能扛的人。」扛起來了，就能挺過去；扛不起來，就很有可能一敗塗地。

試問哪一個創業者不是承受了各方的壓力，最終超越壓力，甚至將壓力巧妙的轉換為動力而獲得成功的？

今天的張瑞敏說起海爾可以談笑風生，但有多少人知道一九八四年他剛剛到海爾時承受的壓力？

那時的海爾，設備簡陋、員工素質低劣、工作環境一塌糊塗、工作制度形同虛設，怎麼也讓人想像不到二十年後的它會有什麼出息。

在張瑞敏之前，已經陸陸續續更換了四屆廠長，每一個來時都躊躇滿志，離任時又萬般無奈。

張瑞敏也算是臨危受命。為了生存，為了企業的發展，他開始頂著壓力進行改革，首當其衝的就是後來我們熟知的「海爾十三條」。從此，海爾開始步入了正軌。

在海爾艱難的時候，在眾人都看不到希望的時候，張瑞敏有沒有動過「放棄」的念頭，我們不得而知。我們看到的是他衝破了一切壓力，帶領海爾走到了今天，走向了世界。

就像伍六一提醒許三多的，軍隊是一個適者生存的地方，創業之路又何嘗不是？創業之路上的壓力甚至比軍隊中的更殘酷、更複雜，它就像只無形的手，總是攫住你，讓你無處可逃。

但有壓力對人並非只是一件壞事，很多時候，我們需要一種力量來推動我們，就像慢馬需要馬蠅一樣。適當的壓力能激出你的潛力，競爭可以檢驗你的能力。遇到壓力時，最簡單的解決辦法就是：勇敢迎接它，告訴自己——我頂得住！

創業者要能堅持自己的信念和目標。在其他同行走上迷途的時候，創業者要能有清醒的認識，不為眼前小利所動，不做昧良心的產品；更為重要的是，要能耐得住寂寞，靜心做技術和產品的創新，穩紮穩打，捍衛企業發展的根基。

創業者應該把企業當成實踐人生理想的平臺，而不僅僅是謀利的機器。雖然企業的本質是贏利，但凡是成功的企業，都是具有信念的企業。堅持信念和盈利並不矛盾，只有堅持信念，專注目標，才能獲得競爭優勢，從而使利潤自來。

不要被別人的意見左右

選擇堅持原則、堅持理想、堅持使命的發展之路。——馬雲

馬雲認為，尊重別人的意見，但不要為其左右。這是一個很辯證的觀點，在對待別人的意見時，該如何取捨，的確需要我們認真思量。

羅馬皇帝馬可．奧勒留在《沉思錄》中非常智慧的告訴我們，那些保留錯誤的人會因此受到傷害。如果有人指出我們的錯誤，我們一定要注意具體問題具體分析，要仔細地思考這個說法是否正確，如果是正確的話我們就得趕緊掉頭，不要固執的堅持下去。不過度偏執，不鑽牛角尖，理智的分析、採納別人的意見，適當的改變自己，在很多時候都是有必要的。

曾有這樣的兩家公司，它們在同一層樓裡面，而且面對面。兩家公司的首席執行官在對對面公司進行觀察後都認為：千萬不能讓自己的員工受到對面公司員工惡習的感染，否則一定會出大問題的。

於是A公司給全體員工下達了這樣的紀律通知：對面公司的員工穿著古怪，不修邊幅，特別是行為極為放蕩不羈，不但上下班從不準時，而且上班時還經常高聲說話、倡狂談笑。我們公司員工如有此行為者，一律開除。

B公司也給自己公司的員工下達了一份紀律通知：對面公司整日死氣沉沉，所有人上下班都面無表情，如果我們公司的員工沾染了他們這些不良習氣，那麼後果將不堪設想。所以，請我公司的員工一定要與對面公司的員工保持距離！

就這樣，兩家公司的員工在紀律的嚴格約束之下，形同陌路。

直到有一天，一位應聘者的無意闖入，終於打破了這個局面。這個應聘者將履歷同時寄給了這兩家公司，不巧又同時得到了這兩家公司的面試通知書。

在面試的時候，他看到兩家公司牆上的紀律要求，感到非常奇怪：A公司員工行為活潑、思想活躍、進取心強，具有豐富的想像力和大膽創新的精神，這剛好是B公司最缺少的；而B公司員工態度端莊、思想嚴謹、吃苦耐勞的開拓精神也剛好是A公司值得學習的。

他認為這兩家公司的做法是錯誤的，於是給兩家公司提出了向對方學習的建議，這兩家公司的首席執行官看後覺得十分有道理，竟然不約而同的採納了他的建議，並且都決定重金聘用他。

後來，這兩家公司成功的進行了合併，年收入遠遠超出了過去的水準。他們就是時代華納公司和美國線上公司，現在的名字叫做美國線上公司。

當局者迷，旁觀者清。很多時候我們自己很難看清自己的錯誤，別人卻能一眼看出。當我們「不識廬山真面目，只緣身在此山中」的時候，如果同事或者領導向我們提出批評和建議，不要總是自以為是，覺得自己做的都是對的，一定要靜下心來自己思索分析別人說的，自己是否真的是在錯誤的道路上一路狂奔，這些對於我們非常重要。即使對方的態度非常惡劣，如果自己的確是錯了，我們應該愉快坦然的去改變錯誤。

但是，在尊重別人意見的時候，我們也要有獨立的思考能力，不盲從，不聽風就是雨，不被人牽著鼻子走，這些都是幸福的必備素質。

在今天這個瞬息萬變的時代裡，人們對人才的定義已經發生了很大的變化，大多數人的工作不再是機械式的重複勞動，而是需要獨立思考、自主決策的複雜勞動。美國普利策獎獲得者赫伯特·貝爾德·斯沃普說過：「我無法給你成功的公式，但能給你失敗的公式，它就是試圖讓每一個人都滿意。」當一個人懷著讓所有人都滿意的心態去聽從所有人的意見時，那麼等待他的將會是非常糟糕的結果。

經驗豐富的小於剛剛跳槽到一家大公司，老闆就給他一份重要的策劃：公司最近在南部一個住宅區附近買了一大塊地，老闆讓他負責和其他幾位同事進行一下調查，看看這塊地適合用來做怎樣的投資。小於見自己剛來老闆就委以重任，可見老闆對自己非常信任，所以下決心一定要好好的做，不辜負老闆的信任。經過一段時間的調查後，小於發現這個住宅區附近缺少大型超市、遊樂場和醫院。他覺得做超市比較穩妥，於是將自己的看法做成了策劃拿出來與幾位夥伴研究，卻遭到了質疑。因為雖然住宅區沒有大型超市，但小超商卻不少，而且分佈在住宅區裡面，更方便於居民購物。而附近缺少醫院，生病了就是去最近的醫院也要一個小時，十分不便。

小於聽從了其他同事的意見，又重做了一份策劃。但他再次拿出來研究時，又遭到質疑。醫院的前後期工程比較浩大，而且申請起來也比較麻煩，整個過程過於複雜，會浪費公司太多精力，還是遊樂場工程短，收效快。雖然老闆一催再催，但小於的方案卻為了與其他同事意見一致而一改再改，那塊地附近陸續開始了許多工程的建設：大型超市、醫院、遊樂場……最後，老闆不得不將那塊地轉手他人，小於也因此失去了老闆對他能力的信任。

由於小於沒有主見，使得作為專案負責人的他失去了主見，像浮萍那樣不停的左右搖擺怎麼可能做好工作呢？原本，經驗豐富的小於完全有能力掌控好這個專案，完全能在自己最熟悉的工作中獲得幸福感。

任何事情，別人的意見只能作為參考，拿主意的最終還是自己，拍板的也是自己。在工作中，我們要有主見，要有最基本的判斷能力。如果別人的意見的確是有用的，我們可以虛心接受。但是對於自己認定是正確的道路，就應該堅持貫徹下去，不隨波逐流，不人云亦云，不朝令夕改，這樣才能把工作進行下去，把工作做好。

第三章

誠信——

內不欺己，外不欺人

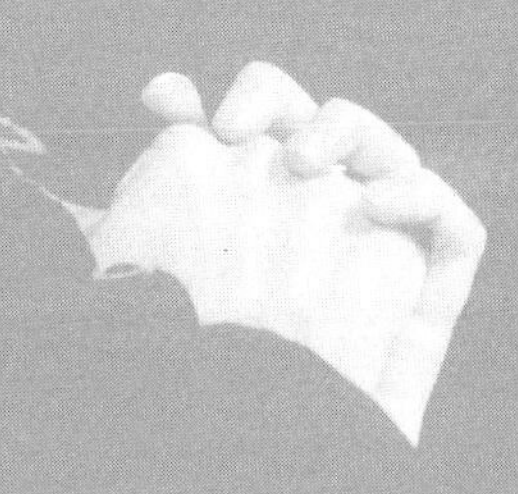

誠信不是空洞的理念

誠信絕對不是一種銷售，更不是一種高深空洞的理念，它是實實在在的言出必行，點點滴滴的細節。——馬雲

「一個創業者最最重要的，也是最大的財富，那就是你的誠信。」馬雲如是說。

在《贏在中國》第一賽季晉級賽第七場時，參賽選手胡博的專案信用服務網，致力於建立企業商家的信用檔案。他說：「透過這兩年的創業，我現在的使命感、責任感更強了，我創業應該對社會有價值，同時能夠實現自己的夢想，還能夠幫助更多的人喚起誠信的意識。」

在評價胡博的時候馬雲說：「誠信絕對不是一種銷售，更不是一種高深空洞的理念，它是實實在在的言出必行、點點滴滴的細節，所以誠信不是能拿出來銷售的，也不是能拿出來做概念的。」

在馬雲看來，誠信不是靠說出來的，而是實實在在的言出必行，它展現在點點滴滴的細節裡。誠信是中國思想中的傳統品德，是中國商人最崇尚的道德信條，也是他們得以發跡和發展的基礎。但這種大智慧必須依靠著實際的舉動才能體現。一個誠信的人，一定會得到豐厚的回報，因為他得到了義，即得到了民心，得人心者的天下，得人心者也能得到天下的財富。

在現代社會中，誠信具有更重要的意義。我們知道，人們之間的社會行為從功能上說，以合作活動和交換活動為主。例如工廠、農村、機關、公司中，人們的工作都是以合作的方式進行，甚至在一個家庭中也少不了合作。交換與傳遞在合作中必不可少。最典型的是在商業領域，買賣、委託、招聘、雇傭等，幾乎每一種合作或交換都涉及守信、守約。在個人與個人之間，群體與群體之間展現了守信守約的多層次性。現代社會，除了以法律的硬性規定來保障交換行為的可信外，一個人只有靠長時間的立誠守信行為才能建立起信譽，信譽本身是有價值的，它是一個人、一個企業的通行證、信用卡，處世講求誠與信，這是我們這個古老民族在現代社會的座右銘。

但是，現在許多人似乎對充斥在周圍的坑蒙拐騙已習以為常，有的人甚至對以騙為能的「能人」佩服得五體投地。有的人甚至認為「無商不奸」，於是，在生意場上屢屢出現坑蒙拐騙、賴帳害人、欺生宰熟、制假販假的卑劣行徑。這種人自以為聰明，實際上是愚蠢至極，是搬起石頭砸自己的腳，既害人又害己。

溫商在「誠信」方面，也經歷了一個知恥後進的過程。著名的「柳市黑潮」和「火燒武陵門」事件，使溫商的市場信譽降到了零點。前者是指柳市品質低劣的低壓電器；後者是指在杭州武林門市場五千多雙劣質溫州皮鞋被付之一炬。這兩件事情給溫州帶來的影響極大：不僅工廠被查、店面被封，產品被毀，合同作廢，一時間，溫商成了欺詐、奸商的代名詞，溫州貨也成了假冒偽劣的代稱。

由於信用缺失所造成的災難性後果，使溫商更早的明白誠信的商業精神的重要性，他們清楚了憑什麼從市場中得到真正的回報和長遠的財富。

現在的溫商已將誠信視為自己經商之本，發生在安徽省桐城市一個老闆桂小歡身上的事足以說明溫商對誠信精神的崇尚。

桂小歡是安徽桐城一家布輪作坊的老闆，他所生產的布輪是給鞋底打光用的一種專業用品，每個售價在三十元到八十元之間，一般一年一結帳。這次貨物送完後，桂小歡的二十多家溫州客戶支付他十三萬一千元的支票。這是桂小歡全家辛苦一年多賣出的產品總額。

二〇〇二年十月底的一天，賣完貨的桂小歡從溫州乘夜班長途車回安徽老家，為的是抓緊再生產一些布輪發往溫州。作為一個小生意人，賣出十三萬餘元的貨是一件很不容易的事，誰知，桂小歡的皮包在回家的車上丟了，裡面裝著客戶們簽下的三十六張支票，那意味著桂小歡辛苦一年的十三萬元沒有了。桂小歡瘋了似的找，但還是沒有找到。得到了消息的老伴一下子癱在了床上，半天都沒反應過來。

桂小歡知道借條還錢的規矩，可是沒有了支票空口無憑，那些溫州老闆會相信一個外地小商人嗎？桂小歡感到有些絕望。但沒有了十三萬元，也就意味著自己從此血本無歸，傾家蕩產了。這時的桂小歡就想：反正「死馬當活馬醫」吧，再回溫州一趟，碰碰運氣，要回多少算多少吧。於是桂小歡沒有聽老伴的勸告，硬著頭皮去了溫州，一家一家上門重新補開支票。

桂小歡的第一個目標是較為正規的泰馬鞋廠，經理陳海永知道情況後說：「支票丟了？多少貨沒結帳？誰收了貨就叫誰補個支票吧。」桂小歡沒想到「要債」居然這麼輕鬆，心裡一陣狂喜，馬上就去財務室補了支票，領了錢。

桂小歡趁熱打鐵。緊接著又一口氣跑了四家大型鞋廠。這些廠商因為都有存底或電腦記錄，所以不費一點周折，或給他補了支票或付現款。一個上午，桂小歡就收回了三萬多元的損失，臉上盡是笑意。但隨即又愁成了苦瓜：因為有相當一部分支票是一些小鞋廠開的，那些小鞋廠的支票是隨手開的，不像大廠那樣有存底，更談不上什麼電腦記錄，他們會不會不認帳呢？

桂小歡下午去的第一家是位女老闆，女老闆知道他的來意後說：「支票丟了就丟了唄。只要貨送來了，我們承認就是，但我記不清具體金額是多少啊！」

桂小歡心裡一陣涼，但又想有話好好說，一旦鬧僵了？她一分錢也不認自己也沒法，於是說：「老闆娘，你說是多少就是多少吧。」

女老闆說：「哎，你話不能這麼說，我們都靠做生意賺錢，都要講求個誠信。別以為你的支票丟了我就賴你的賬，不可能的。」後來女老闆在桂小歡的提示下想起了金額，痛痛快快的將錢付給了他。

信用是什麼？信用就是金錢。李嘉誠說過：「一個企業的開始意味著一個良好信譽的開始。有了信譽，自然就會有財路，這是必須具備的商業道德。就像做人一樣，忠誠，有氣節，對自己所說出的每一句話，做出的每一個承諾，一定要牢牢記在心裡，並且一定要能夠做得到。」

市場經濟從某種程度上來說，就是誠信經濟，離開了誠信，市場經濟根本就無法運行。在競爭日益激烈的今天，誠信已成為每個人立足社會不可或缺的「無形資本」，恪守信用乃是每個人應當具備的生存理念之一。一個人言而無信，說話不算數，人們怎敢與他打交道呢？

有一句古老的諺語：「誠信是最好的策略」。它的真理已為日常生活經驗所證實。誠實和正直對於商業和其他任何行業的成功來說都是必不可少的。

十九世紀英國一位很有名的啤酒釀造商，他把自己的成功歸因於在他賣啤酒時的慷慨大方。他走到裝啤酒的大缸前，舀出一點品嘗一下，他總是說：「兄弟們，日子還是不很富裕；每人再喝一碗啤酒。」

這個釀酒商豪爽的性格和他的啤酒在英國、在印度和其他殖民地都聲名遠揚，這就為他發財致富奠定了基礎。

一個真正的商人應該以自己工作的完整和牢靠為榮耀，一個精神高尚的商人應該以誠實履行合同的每一條款而自豪。一位英國紳士說：「憑藉欺詐、奇蹟和暴力，我們可以獲得一時的成功，但是，只有憑藉誠信，我們才能獲得永久性的成功。」

做生意不能憑關係

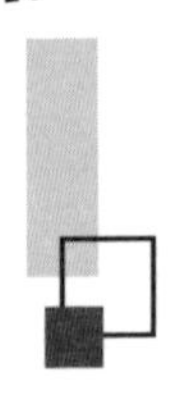

記住，關係特別不可靠，做生意不能憑關係，做生意也不能憑小聰明。

——馬雲

毫不誇張的說，人脈就是財脈。初次創業的人，資金技術上面的不足是肯定的。但是如果能擁有良好的人脈基礎，那麼將會有很多人可以提供幫助，成功的可能性和速度都會大大增加。相反，如果沒有良好的人脈，創業的時候就會走很多冤枉路，付出比別人更多的勞動。所以說，人脈是最大的資源，不管做什麼事情，都有人的因素。但是所謂的人脈關係也是世界上最不可靠的東西。

在《贏在中國》第一賽季晉級賽第六場，參賽選手翟羽的項目龍騰P2P媒體點播系統。他提到田園老師說過沒有一個在商場中有名望、有地位的真正的企業家來推薦他的話，也許他就不能成功。

馬雲在點評他的時候說，「這世界最不可靠的東西就是關係。因為沒有錢，沒有團隊的時候要靠關係，我想我們這些人都一樣，尤其是我，我沒有關係，也沒有錢，我是一點點起來的，我相信關係特別不可靠，做生意不能憑關係，做生意不能憑小聰明，做生意最重要的是你明白客戶需要什麼，實實在在創造價值，堅持下去。」

關係可以幫助初創企業籌集資金、累積人脈，可以為初創企業提供很多便利條件，是創業者必須累積的人脈資源。但是對初創企業來說，企業的核心並不在於其關係網有多麼龐大，人脈資源有多豐富，而在於企業是否可以為顧客創造價值，生產的產品能否得到顧客的認可。

「客戶第一」是阿里巴巴「六脈神劍」的第一支，也是其最為核心的經營理念，更是馬雲經常掛在嘴邊的口頭禪。客戶是企業的衣食父母，要永遠把客戶放在第一位。寶潔的成功就在於它能夠根據廣泛的市場調查、科學的市場細分，推出一種或幾種定位的產品，來滿足不同消費群體的不同需求。

在創業之初，寶潔公司的兩位創始人看到當時美國生產的肥皂又黑又粗糙，與其本身的功能極不相稱。為了適應婦女和兒童的需求，他們要求自己的產品，一是顏色要美，二是形狀要美。於是，一種純白、圓角的肥皂問世了。

美國人信基督，他們就利用《聖經》中的一段話：「來自象牙宮的人，你所有的衣服都沾滿了沁人心脾的香氣！」。他們給自己的肥皂取名「象牙」牌，為了打開「象牙」肥皂的銷路，寶潔公司請來了美國當時著名的化學家和教授，對其產品進行分析、鑒定，做出權威性的報告，並把關鍵數字打入廣告中，讓消費者心服口服。很快「象牙」牌享譽全美以至全世界。

當寶潔把在美國暢銷的洗衣精投向歐洲市場時，很快就受阻了，經調查發現，歐洲的洗衣機只適用固態的洗衣粉，液態的洗衣精加入後，有一部分很快就會從底部流出。不久，寶潔就設計出了一種名為「威液球」的產品，當洗衣機的水加滿時，才釋放出洗衣精，並可重複使用。這種「威液球」很快成為暢銷歐洲的產品。

為了使產品更貼近顧客，寶潔非常注意日常對客戶的訪問和調查，此外還首創了「一日回憶法」和查詢電話制度。一日回憶法，即調查顧客對一天之內所接觸到和正在使用的生活用品的感受，有何不便之處，有無新的要求。查詢電話制度則要求每天有五十位員工從早到晚透過電話來回答顧客的詢問，以便從中受到啟發，使自己的產品不斷得到改進和完善，並及時設計出適合顧客需要的新產品。

對顧客的重視和不斷滿足顧客的需求使寶潔幾十年來保持持續的市場佔有率。顧客才是企業的核心。任何顧客都是挑剔的，他們一定會在多種選擇中購買他們認為最好的產品。顧客會告訴企業應該怎麼做。企業在顧客面前唯一要做的事情就是要適應和滿足顧客的需求。

管理大師德魯克認為，企業所認為的是一個產品最重要東西——性能或者他們在講到「品質」時所指的那些——消費者對這些可能不太在意。顧客的唯一問題是：這對我有什麼好處？

安徽省每年的五月，是當地特產——龍蝦上市的季節，龍蝦是許多人喜愛的美味。每到這個季節，合肥各龍蝦店、大小排檔生意異常的好，大小龍蝦店就有上千家，每天要吃掉龍蝦近二萬五千公斤。但是龍蝦好吃難清洗的問題一直困擾著當地龍蝦店的經營者。因為龍蝦生長在泥灣裡，捕撈時渾身是泥，清洗異常麻煩，一般的龍蝦店一天要顧用兩三個人專門手工刷洗龍蝦，但常常一天洗的蝦，幾個小時就被顧客買完了，並且，人工洗刷費時又費力，這樣又增加了人工成本。

海爾針對這一潛在的市場需求，迅速研製開發，沒多久就推出了一款採用全塑一體桶、寬電壓設計的可以洗龍蝦的「洗蝦機」，不但省時省力、洗滌效果非常好，而且價格定位也很合理，只要八百多元，極大的滿足了當地龍蝦經營者的需求。過去洗兩公斤龍蝦一個人需要十分鐘到十五分鐘，現在用「龍蝦機」只需三分鐘就可以了。

就在二〇〇二年安徽合肥舉辦的第一屆「龍蝦節」上，海爾推出的這一款「洗蝦機」馬上引發了搶購熱潮，上百台「洗蝦機」不到一天就被當地消費者搶購一空，更有許多龍蝦店經營者紛紛交訂金預約購買。這款海爾「洗蝦機」因其巨大的市場潛力獲得安徽衛視「市場前景獎」。

在洗衣機市場，一般來講，每年的六月到八月是洗衣機銷售的淡季。每到這段時間，很多廠家就把洗衣機的促銷員從商場裡撤回去了。張瑞敏很納悶：難道天氣越熱，出汗越多，消費者越不洗衣裳？後來經過調查發現：不是消費者不洗衣裳，而是夏天裡五公斤的洗衣機不實用，既浪費水又浪費電。於是，張瑞敏馬上命令海爾的科研人員設計出一種洗衣量只有一點五公斤的洗衣機——小小神童洗衣機。小小神童洗衣機投產後先在上海試銷，因為張瑞敏認為上海人消費水準高又愛挑剔。結果，精明的上海人馬上認可了這種洗衣機。該產品在上海熱銷之後，很快又風靡全國。在不到兩年的時間裡，海爾的小小神童在全國賣了一百多萬台，並出口到日本和韓國。

張瑞敏曾說：「我想任何一個企業做的產品，你賣的肯定不是這個產品，換句話說，使用者要的絕對不是你這個產品，要的是一種解決方案……」張瑞敏總是根據使用者的意見，從根本上掌握消費者的真正需求，「永遠不是為產品找使用者，而是為使用者找產品，真誠到永遠」。事實證明，只有研製生產出真正滿足消費者需求的產品，才能夠贏得消費者的青睞，才能在市場中立於不敗之地。

做生意不能僅僅憑藉關係，也不能憑藉小聰明，要真正的為客戶著想，從客戶那裡建立自己的獨特優勢。雖然並不是所有的顧客都知道答案，而且他們的答案也可能讓人摸不著頭腦，但這些答案仍會暗示企業該從哪個方向尋找答案。管理者不要輕易、自大的認為企業的優勢是什麼，而應該讓顧客來說出企業的優勢是什麼。

靠誠信贏得朋友

一個創業者一定要有一批朋友，這批朋友是你這麼多年以來誠信積累起來的，越積越大。——馬雲

在人際交往中，馬雲始終將誠信放在第一位。他曾經這樣說道：「商業社會其實是個很複雜的社會，但是只有一樣東西，能夠由自己來掌控，那就是誠信。因為誠信，所以簡單。越複雜的東西，越要講究誠信。」

事實上，不止是馬雲和他的阿里巴巴，對任何一個人來說，誠信都是與人合作的第一大原則，是重要的經營策略。誠信會使人對你產生敬意，也因此使人願意公平的與你合作。和一個不守信用的人合作，人們通常會考慮到失信的

危險，把合作的成本提高，以防萬一。比如你是一個信用度不是特別高的人，那麼你要進別人的貨物，一般是要先付款，但是如果別人知道你很講信用，或者另一個商界同行出面說你非常可信，那麼打交道的對方就可能很放心的讓你把貨先拿走，賣完貨後再付貨款。一個需要使用大量資金，另一個幾乎等於白手賺錢，這中間的出入就是誠信的價值。

對於一個志向遠大的人，誠信是必備的做人準則和處世方法。人要以誠信的態度處世，養成誠信的為人習慣，處世以「信」為原則，講信義、重信義，這樣的人才會為世人所接受，也才會在危難之時獲得幫助，從而走到目的地。

俄國作家班台萊耶夫寫過一篇叫《諾言》的小說，主要內容是：一個七八歲的小孩，在公園裡與幾個比他大的孩子玩打仗的遊戲，一個大孩子對他說：「你是中士，我是元帥，這裡是我們的『火藥庫』。你做哨兵，站在這兒，等我來叫你換班。」小孩點頭遵命，一直堅守著崗位。天黑了，公園要關門了。「元帥」還不來，「中士」又餓又怕，只是因為諾言在先，他不肯離開「火藥庫」。幸虧有人從路上找來一位紅軍少校。少校對孩子說：「中士同志，我命令你離開崗位。」孩子這才高興的說：「是，少校同志，遵命離開崗位。」

看了這個故事，會覺得這個小孩小小年紀就知道遵守諾言，很了不起。「一諾千金」表示這個人相當看重信義，一旦你答應了別人什麼，就不能輕易更改，一言既出，駟馬難追。

孔子把信的位置看得很高，學生子貢向他請教治國之道，他講了「足食、足兵、民信」三條。子貢問：「如果這三者只能做到兩個，您先去掉哪一個呢？」孔子想了想說：「去兵。」又問：「再去一個是什麼？」孔子說：「去食。自古皆有死，民無信不立。」當你的百姓已經不再對自己的國家心存信任時，那麼這個國家繼續生存的可能性已經不大了。西周末年的周幽王因「千金買一笑，烽火戲諸侯」失信終致喪國，可以說是最慘痛的事例了。而商鞅變法，立木為信以興秦國的故事，也說明了做事情必先把誠信擺在首位。項羽的大將季布是一個重友情守信義的男子漢，楚人有句諺語說他：得黃金百斤不如得季布一諾。

自古至今，社會道德總是要求和規範人們，永遠要誠信的與人相處，不要誇大，因為誇大是一種欺騙；不要閃躲，因為閃躲是一種虛偽；不要承諾任何你做不到的事情，因為隨便的承諾是狂妄之語。

人與人的交往，是建立在誠實守信的基礎上的。成功者信守承諾，珍視這一合作的基礎，以誠實取信於人。為確保某事的如期完成，處事雙方往往可以經商討達成協議，或立軍令狀，訂契約，簽合同。一方一旦背約，則將依約受罰。但人們在共事時，更多的情況是憑信用，憑對對方人格的信任，相托要事，相信所托之事可如期完成，所謂「可信任」、「信得過」，正是對講信用的人的高度讚揚。

有一個美國孩子，他父親早逝，並留下了一堆債務。從法律上講，欠債人已去，把他的商品拍賣分掉，債務差不多也就算了。但這個孩子一一拜訪債主，希望他們寬限一段時間，並保證他會把父親留下的債務分文不少的還掉。

後來這個孩子竟然歷二十年之功，把父親留下的債務，連本帶息，分文不差的全還了。周圍的人都非常感動，知道他是一個可靠之人，也就都非常願意和他做生意。結果這個孩子不僅博得了別人的合作，還贏得了他人的尊敬。

從古至今，人們公認「人之交，信為本。」交往必須講信用，這是起碼應當遵守的生活準則。爾虞我詐，互相失去信任，就會影響人和人之間的正常關係。沒有友誼，則人的一生不過是一片空白；而沒有誠信，則無友誼可言。誠信是心靈相通的鑰匙。

安德魯・卡內基曾經說過：「世界上很少有偉大的企業，如果有，那就一定是建立在最嚴格的誠信標準之上的。」香港著名實業家李嘉誠先生，也曾經就自己多年經營長江實業的經驗總結道：「做事先做人，一個人無論成就多大的事業，人品永遠是第一位的，而人品的要素就是誠信。」因為誠信是一種長期投資，唯有長期遵守誠信的原則，才能建立和維護你的信譽、品牌和忠誠度，也才有可能得到持續的成功。

誠信就是誠實守信，用更通俗的話說，誠信就是實在，不虛假。誠信是一個人的美德，有了「誠信」二字，一個人就會表現出坦蕩從容的氣度，煥發出人格的光彩。可以說，誠信的品格是要獲得成功人生的第一要素，歷來被偉人們所尊崇。誠實守信不僅是一種美德，而且是構築人脈和拓展人脈的一個基本要求。試想，如果一個人經常出爾反爾，你還願意跟這樣的人交往嗎？

誠信是一種美德，人們從來也未能找到別的詞來代替它。誠信比人的其他品質更能深刻的表達人的內心。誠實或不誠實，會自然而然的展現在一個人的言行甚至臉上，以致最漫不經心的觀察者也能立即感覺到。缺乏誠信心的人，在他說話的每個語調中，在他臉部的表情上，或者在他的待人接物中，都可顯露出他的弱點。

有的人在人際交往過程中，憑藉一兩次矇騙而使自己的陰謀得逞，但這種伎倆絕對不可能長遠。俗話說，「群眾的眼睛是雪亮的」，這種矇騙一時的行為遲早會被人們發現。如果你是一個不講信譽的人，只要有一個人知道，用不了多長時間，所有的人就都會知道，那時候，你就會陷入一個非常難堪的境地中，沒有誰會主動來和你交往，甚至還會故意冷落你、躲避你。這樣，無論你辦什麼事情，走到哪裡，四面八方都會是厚厚的一堵牆，更別希望別人幫你辦事了。

雖然「不誠實」、「欺騙」、「詭詐」被有些人推崇，也會帶來一定的近期利益，但最終的後果是負面的。誠信，虧掉的可能只是一時的金錢，賺來的卻是一生的信譽。信譽就是財富，而重信譽的人，往往會在眾人的幫助中站起來，不會陷入孤立的絕境，只要我們每個人都能夠做到誠信，那麼我們的人脈關係就會因為承諾而勞而不破、固若金湯。

誠信和成功在事業中是交錯在一起的，一個人擁有了誠信的心態，就等於拿到了通向成功的通行證。

誠信才能通天下

誠信才能通天下。——馬雲

一貫講真話而獲得的聲譽，要比由欺騙暫時所獲得的好處，高出千百倍的價值！

二〇〇五年在上海網商論壇的演講中馬雲說道：「永遠不要去欺騙別人。一九九五年我被四家公司欺騙，今天這些公司全關門了，這說明靠欺騙走不遠。網路上並沒有那麼多騙子，聰明的人永遠相信別人比他聰明，愚蠢的人永遠不相信別人比他聰明，所以我想告訴大家的是，這個世界是一個注重胸懷、眼光、實力的世界。害人之心不可有，防範之心不可無。這世界壞人畢竟是少數，要別人相信你，你首先要相信別人，人與人之間要克服溝通障礙，誠信是第一的。在企業運作過程中，電子商務中，一定有欺詐現象，但它只佔很小的一部分，阿里巴巴和淘寶成立到現在，欺騙的案例很少，這其中還有一部分是因為誤會。

二〇〇二年三月，阿里巴巴推出了「誠信通」業務，誠信通承載著誠信的記錄和評價。阿里巴巴對申請成為誠信通會員的客戶有嚴格的審核程式，企業的資料，除了它的資質，還包括它提供的別人對它的評價和其他會員對它的負面評價，阿里巴巴都會在網站上公開，而且不會刪除。

馬雲這樣評價「誠信通」：「在阿里巴巴的遊戲規則下遊戲，就一定要遵守這個機制。也許三年之後，阿里巴巴的誠信通業務就會變成一個新的行業標準；在做生意的時候，大家會把對方是否是誠信通的用戶作為考量因素。誠信通可以使人們輕鬆的知道對方的商業信譽記錄，以減少自己在交易中上當的可能性。阿里巴巴的商家為了證明自己的商業實力及維護自己的商業誠信，就非常有必要去使用誠信通。如此一來，所有的客戶不管願意還是不願意，都必須為自己的誠信埋單。」

馬雲全力打造誠信通，改善電子市場環境，規範中小企業行為。馬雲以企業家的精神自律，同樣也告誡員工：只有具備在誠信的基礎上形成的忠、孝、義的品質之後，才會獲得企業的充分信任。

信譽建立在誠實的基礎上。不能誠，便不能有信；有了誠，信才能篤實。與一個沒有信用的人相比，一個誠實而有信用的人擁有更大的力量。

一個自稱是某運輸公司司機的顧客走進一家汽車維修廠，對老闆說：「在我的帳單上多寫點零件，我回公司報銷後，有你一份好處。」維修店老闆拒絕了他的要求。這位顧客不甘心，繼續說：「我負責整個車隊的維修，我每年能給你帶來三十萬元的營業額，你能從我這賺到很多錢！」老闆不為所動，並告訴他，這事無論如何也不會做。

這位顧客很生氣，大聲的嚷道：「誰都會這麼做的，我看你是太傻了。」

老闆也終於控制不住自己的怒火，對他大喊：「請你立即離開！請到別處談這種生意。」

就在這時，顧客露出微笑並滿懷敬佩的握住老闆的手：「你正是我要找的那種人，我就是那家運輸公司的老闆，我一直在尋找一個固定的、信得過的維修廠，我決定與您合作。」

「人無信不立，企無信則衰」，失去誠信的公司，會因失去公信力最終陷入困境。誠信，可能虧掉的只是一時的金錢，賺下的卻是一生的信譽。信譽就是財富。誠信是一種「長期投資」。「誠則立，信則久」——誠信是企業支撐品牌的基石，基石永存，則品牌之樹常青。把誠信放在什麼位置，決定著一個企業的經營高度，決定著它能否長盛不衰，永續經營。

比如著名的海爾集團，多年來，海爾人本著「永遠戰戰兢兢，永遠如履薄冰」的經營理念，以市場為導向，以顧客為上帝，不打價格戰，把海爾發展成為產品遠銷全球九十多個國家和地區的國際化跨國集團。它被中國企業信譽協會評為「中國產品品質放心使用者滿意誠信企業」，海爾是同類企業中唯一一個獲得此項殊榮的企業。

然而，有些企業忽略了誠信經營這個成功企業核心的理念。二〇〇二年十月《解放日報》報導，日本大阪地方法院以做假賬坑蒙投資者的罪名判處福特瓦克公司原總經理大橋渡有期徒刑兩年，夥同大橋造假的註冊會計師松川利一被判處有期徒刑一年。福特瓦克公司在過去的三年中共虛報利潤四百二十四億日元，把一個瀕臨倒閉的企業粉飾成一個贏利企業，坑害了許多投資者。

誠信危機在日本一些大企業中陸續出現。日本火腿、東京電力、三井物產、丸紅、西友超市等著名企業不久前相繼發生經濟醜聞。

日本火腿公司是日本肉製品企業的龍頭老大，一直深受日本廣大消費者的信賴和愛護。然而，就是這家公司將日本政府因「狂牛病」問題而宣佈禁止進口的外國牛肉，作為國產牛肉轉售給國家牛肉收購機構。同時，該公司還把次等牛肉充當上等牛肉銷售給消費者。

東京電力公司是日本最大的電力公司，擁有日本一半以上的原子能發電站。核電站的安全管理問題關係到國民的生命安全，日本政府有關部門對此有著嚴格的要求。十多年來，東京電力公司不僅隱瞞了多起核電站事故隱患，而且還多次篡改核電站定期檢查記錄，致使政府有關部門不能及時瞭解核電站運營的真實情況。

日本綜合商社三井物產公司最近涉嫌在政府開發援助專案中，採取賄賂、回扣等非法手段獲取建設專案，干擾正常的市場秩序，違反了有關法律。日本國稅局還查出日本另一家綜合商社丸紅公司，在向阿爾及利亞出口大型印刷機器的過程中，為了獲得這批訂單，向有關人員支付了數億日元的回扣。

上述日本著名企業的醜聞引發了投資者和消費者對日本企業整體的信任危機，投資者紛紛逃離股市，致使股價不斷刷新十九年來的最低紀錄，消費者拒絕購買這些企業的產品。

市場不包容失信，市場也不相信眼淚。一個企業要在激烈的市場競爭中脫穎而出或處於領先地位，必須要在商品品質、價格、管理、服務等方面堅持信用至上，履行誠信承諾，抓好與誠信關聯的系統工程。只有企業真正堅守住商業信譽這道大門，才能真正的獲得成功。

信用是商界最重要的東西

在未來的商業社會裡，將沒有大企業和小企業的區別，沒有外資和內資的區別，沒有國營和民營的區別，我們覺得只有誠信和不誠信的區別，只有開放和不開放的區別，只有承擔責任和不承擔責任的區別。——馬雲

作為YBC創業導師，馬雲要履行的一個公益責任就是拿出時間、精力和商業網路來幫助青年創業，讓他們在創業的道路上少走冤枉路，這種社會責任也是YBC發展的基礎和核心價值觀。

在馬雲看來，一個成功的企業家最重要的社會責任就是講信用，就是「一諾千金」，就是「言必信，行必果」。

不是為了商業談判，不是為了擺闊，更不是為了出名，只因為一個承諾，在由於航班問題難以按時趕回來的情況下，阿里巴巴創始人馬雲從印度包機回國參加中央電視臺經濟頻道推出的《青年創業中國強・二〇〇九創業英雄會》節目的錄製。

在這個節目中，馬雲指導的創業青年是在淘寶網上開店的王小幫。馬雲建議說，一個網商月銷售額的多少並不重要，重要的是「做好每一筆生意」，來獲得更多客戶的信任，「商道的根本就是信用」。

「信用不是金錢，但它比金錢更重要。」馬雲深有感觸的說，阿里巴巴創業十年來，從最初創業的十八名員工，發展到如今的一萬四千名員工，「阿里人從創業的第一天起，就珍惜每一個客戶，只有得到他們的信任，公司發展才會越來越好」。

王永慶先生說過：「做生意和做人的第一要素就是誠實，誠實就像是樹木的根，如果沒有根，樹就別想再有生命了。」誠信對一個人、一個企業都是無形的財富，是一筆巨大的無形資本，無論是個人還是團隊堅持走正直誠實的道路，必定會實現良好的願景。相反，如果失去誠信，事業就缺少了發展的承重軸。

其實「誠信」對每一個創業者來講，都是關乎新創企業安身立命的大事。創業的起步過程都在不斷的向社會推銷企業的過程：一方面向社會展示企業提供的產品或服務，另一方面向社會證實企業做事的信用。有能力講信用的人事業才能越做越大，有能力沒信用的人可能得逞於一時，斷難長久發展。

「冠生園」是中國的知名老字號企業，它一向以品質上乘、誠信經營而享譽大眾。但就是頂著這樣響噹噹的老字號桂冠的一家企業——南京冠生園食品企業，卻在新聞媒體的一次「陳餡事件」的曝光中破產倒閉。把過期的食品用料「陳餡」翻炒後，再製成月餅出售，這種行為在冠生園人看來，並不是很嚴重的，但他們沒有想到企業會因這樣的「小事」而倒閉。在「陳餡事件」被媒體曝光後，企業的第一個反應就是「媒體害了企業」。即使在企業破產倒閉後，企業依舊對媒體耿耿於懷：「好端端一個企業要不是媒體曝光，怎麼會倒？」

一直到企業破產倒閉，冠生園公司的經理仍然將企業破產的原因歸咎於媒體曝光，絲毫也沒有意識到社會責任的缺失才是導致企業倒閉的最根本的原因。責任是企業的生存之本，如果企業缺失了對於社會公眾和消費者基本的責任，社會公眾和消費者就會毫不留情的拋棄企業。

面對企業所遭遇的誠信危機，南京冠生園依舊陷於為自己行為的辯解中，而沒有表現出一絲糾正行為過失的應有的誠信。該企業先是辯解稱這種做法在行業內「非常普遍」，隨後又匆忙發出了一份公開信繼續狡辯，在所有的補救措施中，唯獨沒有向消費者做出任何的道歉。正是這種沒有任何懺悔之意的行為，不僅令消費者更加寒心，也進一步使企業自身信譽喪失殆盡。

老字號企業尚能倒閉在信用缺失的門檻上，新創企業更需重視誠信招牌的塑造和維護。正如著名翻譯家傅雷說的：「一個人只要真誠，總能打動別人的心，即使人家一時不瞭解，日後便會瞭解的。」創業者如果能夠以誠待人、以誠做事，一定會得到越來越多的支持和幫助，事業一定會開創出一個嶄新的局面。

早在五百多年前，有一個名叫支巴那的英國人，他是一個海上貿易商人。為了避開激烈的海上貿易競爭，他決定帶領幾名船員出航，試圖從英國往北開闢一條新的到達亞洲的航行路線。一天晚上，他們航行到了北極圈內一個不知名的島嶼上，一時狂風大作，他們不得不停下。可是就在第二天早上卻突然發現自己的船航行在海面的浮冰裡，這時他們才意識到被冰封的危險迫在眉睫。經過艱苦的努力也沒能擺脫困境，最終他們不得不放棄返航的努力，把船停泊在島嶼旁邊。

隨後，他們面對的是惡劣的天氣與環境問題，北極圈一年只有幾個月是暖和的天氣，冬季漫長而寒冷，冰冷刺骨的狂風異常兇猛、肆虐。沒有人類生存的島上覆蓋著幾米厚的積雪，這些雪被攝氏零下四十到五十度的嚴寒凍結得像花崗岩一樣堅硬。再加上北極圈內經常降落暴風雪，無論如何他們暫時是無法走出北極圈了，支巴那和船員們只有在這無人生存的島上度過這個冬季。

有船員提議不如用船上的衣物與食品來維持生命，船長支巴那堅決反對，於是他讓船員們拆掉除裝載貨物的其他船隻，靠這些燃料來抵抗嚴寒，靠打獵來獲得生存的衣服和食物，就這樣他們期待著冰雪消融的一天。在這樣惡劣的險境中，多數船員死去了。船長支巴那和他的水手們卻做了一件令人難以想像的事情，他們絲毫未動別人委託給他們的貨物。

經過漫長的幾個月後，倖存的支巴那船長和幾名船員把貨物幾乎完好無損的帶回英國，送到委託人手中。支巴那船長和船員們的做法感動了整個歐洲，海上貿易也取得巨大的反應，歐洲其他國家也被支巴那如此誠信的做法打動了，紛紛要求與其合作。

支巴那船長和他的水手不惜用生命做代價，堅持誠信的信念，為整個英國的海上貿易起到了巨大的推動作用，以至於到後來英國的貿易幾乎延伸到地球的每一個角落，成為整個世界的經濟中心和最富庶的地區。他的事例充分說明了誠信甚至比生命還重要。

雖然誠信並不是看得見的實物，但它永遠如同感測器一樣被員工、客戶及合作夥伴敏銳的感知。當誠信成為一個企業的標誌時，這個企業不僅具有高度的凝聚力，還會贏得客戶及合作夥伴的高度信賴，從而在市場競爭中佔據主動地位。如果一個企業缺失誠信，即使叫賣黃金，別人依然會當做是磚頭。

市場經濟越發達，就越要求誠實守信。北京大學厲以甯教授認為，在經濟生活中，誠信是對交易合法權利的尊重和維護。經濟生活中的每個交易，不管是自己的交易，還是未來的交易，都需要誠信。信用，是對對方合法權利的維護和尊重，也是對自身合法權利的維護和尊重。西方有一句諺語：他騙了所有的人，最後他發現他被所有的人騙了。所以對誠信的破壞最終也會使自己的利益遭到損失。

誠信是進入市場的通行證。誠實守信日積月累就能夠形成良好的信譽，就會在社會交往和商品交換中處於有利地位。信譽不僅是一個人的無形財富，也是一個企業的無形財富。以這種無形財富作為一種特殊的資源，甚至比有形資產更為珍貴。沒有錢，可以融資，而誠信是無法借到的。在激烈的市場競爭中，沒有誠信最終只有死路一條。

產品的品質是企業的生命

最重要的是你的產品是否能為客戶創造價值。——馬雲

馬雲認為，要為品質把關，品質是企業的生命。沒有品質作保障，衝得快，死得就會更快。

雖然經營的是電子商務，是一種無形產品，但馬雲對品質依然非常重視。馬雲說：「怎麼從細節做起，品質是企業的生命，所有企業都在這麼說。」可見，馬雲更關注的是如何把品質落實到細節之處。

產品的品質是企業生存的根本，是商戰制勝的根本，也是創業求生存、謀發展的根本。華碩總經理徐世明認為，全世界沒一個品質差、光靠價格便宜的

產品能夠長久的存活下來。通用電器總裁傑克．韋爾奇更是直接的指出：「品質是維護客戶滿意和忠誠的最好保證，是企業對付競爭者的有力武器。」品質對行銷的影響力是無法預計的。

一九九三年，荷蘭海內肯啤酒公司在啤酒的生產過程中檢測出了個別混有玻璃殘渣的產品，他們並沒有隱瞞這個消息，而是火速回收了已經輸出到澳大利亞、瑞士、英國、香港等八個國家和地區的瓶裝啤酒，並大力進行了宣傳，請上述市場的消費者不要購買這項產品。

這種做法對於大陸近年來嚴重欠缺誠信市場來說，簡直有些不可思議，大多數企業遇到這種問題隱瞞都來不及了，怎麼還這樣大張旗鼓的外揚家醜呢？可是，他們的結局卻是完全不同的。藏著掖著雖然看似安全，但紙是包不住火的。一旦東窗事發就很有可能整死一個企業，甚至會成為影響社會穩定的政治問題。從阜陽假奶粉事件就可見其嚴重性。在日本，乳製品市場份額占百分之六十五的雪印公司發生人員中毒事件，一夜之間，雪印食品在世界範圍內退出市場。山西發生假酒事件，致使整個山西酒業一蹶不振。陝西省一位領導痛心疾首的說，假酒事件毀壞的不僅僅是一個酒廠，而是整個行業，甚至整個地區的形象。去年三鹿奶粉事件一下子就變成了三鹿自殺的毒酒鶴頂紅。從這個角度來說，海內肯公司的舉動相對聰明得多。

海內肯公司是全世界第二大啤酒公司，其產品長期雄踞國際市場。僅因懷疑可能會有漏檢的「危險品」，就收回已經投放到八個國家和地區的啤酒，如此耗心費神的行為所帶來的經濟損失也是非常巨大的，並且風險也是非常巨大的。一個不小心就會砸了自家的金字招牌。但是，海內肯啤酒公司這一冒著極大市場風險的舉動，向消費者傳達了企業高度的責任心，不僅使消費者從今往後對它絕對放心，而且贏得了顧客對其產品的絕對忠誠。等到回收完以後，當新的海內肯啤酒重新在市場上出現時，消費者掏腰包購買它的啤酒肯定是毫不懷疑的，海內肯的市場佔有率也隨之得到擴展。

美國行銷專家瑞查德與賽斯在研究中發現，顧客的滿意與忠誠已經成為決定企業利潤的主要因素，有的企業在市場份額擴張的同時利潤反而萎縮，而有著高忠誠度的企業往往獲得了大量利潤。據調查，多次光顧的顧客比新顧客可以多為企業帶來百分之二十到百分之八十五的利潤。因此，顧客的滿意與忠誠已經成為決定企業利潤的主要因素。特別是在大陸現在的市場環境下，市場份額和利潤的相關度已經大大降低，甚至有不少企業在市場份額擴張的同時利潤反而萎縮，顧客的忠誠度更是成了影響企業利潤高低的決定性因素。

美國蓋洛普商業調查公司曾做過一項民意測驗，題目是：「你願意為品質額外支付多少錢？」其結果甚至使哪些委託進行調查的人都感到吃驚，「大多數使用者只要產品品質滿意，就願意多花錢」，較高的品質直接帶來了顧客的忠誠度，同時也支撐了較高的價格和較低的成本，並能減少顧客的流失和吸引到更多的新顧客。如果說二十世紀是生產率的世紀，那麼二十一世紀就是品質的世紀，品質是平和佔領市場最有效的武器。

相信看過電視劇《大宅門》的電視迷們都會知道北京同仁堂，這是一個難得的百年老店，也是中國醫藥界的一塊「金字招牌」。同仁堂創建於清康熙八年，自一七二三年開始供奉御藥，歷經八代皇帝一百八十八年。在三百多年的風雨歷程中，歷代同仁堂人始終恪守「炮製雖繁必不敢省人工，品味雖貴必不敢減物力」的古訓，樹立「修合無人見，存心有天知」的自律意識，造就了製藥過程中兢兢業業、精益求精的嚴細精神，其產品以「配方獨特、選料上乘、工藝精湛、療效顯著」而享譽海內外。

開業之初，同仁堂就十分重視藥品品質，並且以嚴格的管理作為保證。一七〇二年，創始人樂顯揚的三子樂鳳鳴在同仁堂藥室的基礎上開設了同仁堂藥店，他不惜五易寒暑之功，苦鑽醫術，刻意精求丸散膏丹及各類型配方，分門彙集成書。樂鳳鳴在該書的序言中提出「遵肘後，辨地產，炮製雖繁，必不敢省人工；品味雖貴，必不敢減物力」，為同仁堂製作藥品建立起嚴格的選方、用藥、配比及工藝規範，代代相傳，培育了同仁堂良好的商譽。

三百多年來，同仁堂為了維持藥品品質，堅持嚴格把關選料。起初，北京同仁堂為了供奉御藥，也為了取信於顧客，建立了嚴格選料用藥的製作傳統，保持了良好的藥效和信譽。新中國成立後，同仁堂除嚴格按照國家明確規定的上乘品質用藥標準外，對特殊藥材還採用特殊辦法以維持其上乘的品質。例如，製作烏雞白鳳丸的純種烏雞由北京市藥材公司在無污染的北京郊區專門飼養，飼料、飲水都嚴格把關，一旦發現烏雞的羽毛、骨肉稍有變種即予以淘汰。這種精心餵養的純種烏雞質地純正、氣味醇鮮，其所含多種氨基酸的品質始終如一，維持了烏雞白鳳丸的品質標準。

中成藥是同仁堂的主要產品，為維持品質，除處方獨特、選料上乘之外，嚴格精湛的工藝規程是十分必要的。如果炮製不依工藝規程，不能體現減毒或增效作用，或者由於人為的多種不良因素影響品質，不但會影響藥效，甚至會危害患者的健康和生命安全。同仁堂生產的中成藥，從購進原料到包裝出廠都有上百道工序，加工每種藥物的每道工序都有嚴格的工藝要求，投料的數量必須精確，各種珍貴細料藥物的投料誤差控制在微克以下。例如犀牛角、天然牛黃、珍珠等要研為最細粉，除滅菌外，要符合規定的羅孔數，維持粉劑的細度，此外還要顏色均勻、無花線、無花斑、無雜質。

從最初的同仁堂藥室、同仁堂藥店到現在的北京同仁堂集團，經歷了清王朝由強盛到衰弱、幾次外敵入侵、軍閥混戰到新民主主義革命的歷史滄桑，其所有制形式、企業性質、管理方式也都發生了根本性的變化，但同仁堂經歷數代而不衰，在海內外信譽卓著，樹起了一塊金字招牌，真可謂藥業史上的一個奇蹟。

企業賣的是信譽，而不是賣產品。消費者給予企業無任何企圖的讚揚，有口皆碑，這就是肯定。這種肯定是無價的，是最可貴的最可靠的市場資源。

君子愛財，取之有道

商業社會其實是個很複雜的社會，但是只有一樣東西，能夠由自己來掌控，那就是誠信。因為誠信，所以簡單。越複雜的東西，越要講究誠信。
——馬雲

馬雲認為作為一個企業，不賺錢是不負責任的表現，但是他同樣表示，作為一個商人，要做到「君子愛財，取之有道」，不能為了賺錢而生存。

在中國大陸，有很多賺錢的途徑，比如說遊戲開發就是一條很好的道路。但是，馬雲沒有被金錢所吸引，他考慮的是這樣的產品能否得到社會的支持，是否能對社會做出貢獻。再三權衡之後，馬雲選擇了放棄，因為在馬雲看來這樣會影響一個民族的發展，他對他的員工們說：「就是餓死也不做遊戲。」馬雲的這句話說得雖然簡單，但凝聚了他的價值觀和創業理念，在企業的發展過程中，員工們也深受馬雲價值觀的影響，用自己單純且熱情的心為社會服務，為企業造福。他們沒有像「野狗」一樣，只想賺取高額的利潤，但是他們創造的價值遠遠超過金錢。

馬雲眼裡的阿里巴巴將成為一〇二年的企業，一〇二年的長遠打算怎麼能只注重眼前的利益？從中我們也可以體會到馬雲的管理頭腦和他非凡的雄心壯志。

縱觀一些著名的失敗企業案例，大多數都是由於道德的缺失。他們在利益和道德之間權衡取捨時，選擇了利益而背離了道德。但是令他們意想不到的是，在背棄道德的同時，其實他們已經失去了利益，尤其是長遠的利益。

三鹿的前身是一九五六年成立的幸福乳業合作社，從當時只有三十二頭乳牛和一百七十隻乳羊的小規模經營，到後來的乳業巨頭，這個發展歷程很不容易。但是，如果不是一個記者的良知發現，也許有更多的孩子將慘死在三聚氰胺的手裡。

畢竟，三鹿是大陸的民族企業，一個報導就讓一個企業倒下，記者自己也很矛盾。包括後來很多的網友在怒其不爭的情況下希望能夠扶持它不要倒下。但是當記者在採訪的過程中，看到家長們哭著把不到一歲的孩子送進手術室，看到醫生冒著被指責手術不當的風險，為嬰兒實施全身麻醉，挽救小生命的時候，看到五毫米的管子從痛苦的嬰兒的尿道插進去的時候，記者冒著各種危險對三鹿黑幕進行了曝光。

報導出來之後，舉國震驚。六個嬰孩因喝了毒奶粉死亡，三十多萬嬰孩患病的資料讓全國對三鹿同聲譴責，並且人人自危。三鹿，因為一直享有「免檢產品」、「放心產品」等一系列權威認定的榮譽光環，多年來一直都是消費者信賴的產品。生活中令很多人恐懼的事情，不是你已經發生了什麼，而是你根本不知道會發生什麼。當你知道自己每天喝的都是會讓你患上結石的毒藥，你會不會覺得害怕?三鹿的三聚氰胺讓很多消費者在驚恐之餘憤怒到了極點。於是很多憤怒的無奈都展現到了網友們的留言版上了:喝三鹿奶粉,當殘奧會冠軍;喝三鹿,尿鑽石,一般人我不告訴他;三鹿奶粉,後母的選擇;每天喝三鹿,直奔黃泉路;三鹿奶粉喝了以後,嘿,這腰也不疼了,腿也不酸了,連心臟也不跳了……

從宏觀的角度上來看,三鹿奶粉反射出了大陸製造業的整體衰退。縱觀大陸這幾年的發展,二〇〇六年股價上漲、房價上漲,到了二〇〇七年達到高峰。造成這種泡沫的根源不是經濟過熱,而是製造業衰退、匯率上升、成本上升等問題,使得企業家投資製造業利潤微薄,於是使大量資金流入這兩個行業。而苦撐的企業家在面對原材料不斷上漲的困境,又無法提高零售價格,只有偷工減料。

事實上,大陸改革開放三十年所創造的經濟發展奇蹟,某種程度上就是發揮了低成本競爭優勢的奇蹟。大陸如此巨大的液態奶市場之所以罕見外國品牌大面積擠佔，很大程度上就是因為如此之低的價格，從成本收益的角度上看是根本不可能的。讓「不可能」成為可能，其結果便是肆意壓低酪農的收購價格。比如三鹿為了佔領農村奶粉市場這塊最後的肥肉採取了低價傾銷的戰略，每包奶粉才十八塊錢。但是賣這十八塊錢一袋的奶粉連本錢都不夠。怎麼辦呢?為了節約成本，於是就往裡面添加了三聚氰胺。

現在的企業其實都挺不容易的，但不能因為自己的生存而謀殺了別人的生命。如果說前者是值得同情的，那麼後者就是罪不可恕的。日本曾實行「每天一杯奶」的行動，使得曾經被我們蔑稱為「小日本」的平均長高了十二公分，身體素質得到了極大的提升。大陸某企業也熱情的提出了「一斤奶，強壯一代中國人」的口號，但令人寒心的是，因為加入了三聚氰胺，卻變成了「每天一袋三鹿奶，毀滅中國人」。那些無辜的孩子，成了企業轉化危機的犧牲品。有喝奶習慣的民眾，雖然沒有嬰孩那麼柔弱，但他們長期喝下的三聚氰胺也成為摧毀他們身體健康的慢性毒藥。

福建的長富奶，雖然因為各種原因一直無法走出福建省，價格也比其他牛奶低，但在檢測中百分百合格。而三鹿，每年的銷售額高達一百多億元，有雄厚的資本，頂級的品牌，一流的人才、技術、設備，富有競爭力的產品，遍佈大陸每一個縣的銷售管道，百分之十八的市場覆蓋率……一家大型企業所有看得見、拿得出的東西，三鹿應有盡有，且已發展到了極致，三鹿唯一缺少的就是嚴格的道德血液。其中有見利忘義的衝動，有明知故犯的僥倖，有心知肚明的「默契」，就是沒有起碼的道德良知約束。

企業當然要追求經濟效益，創利無疑是首要目標，否則企業無法生存發展。但是，君子愛財，取之有道。企業的身上不能只流淌著利潤的血液。守不住自己的道德底線，以犧牲道德和消費者利益換取利潤，有幸逃脫了還好說，可如果紙包不住火的時候，必然要付出沉痛的代價。三鹿的網站上介紹自己時說，經中國品牌資產評價中心評定，三鹿的品牌價值高達一百四十九億多元。半個多世紀的積累，一百四十九億多元在出事的一瞬間就化為了烏有，這是一筆非常沉痛的教訓。

一個成功的企業，一定要珍惜自己的品牌，不要因為一時的利益而將整個品牌資產變成人人嗤之以鼻的負資產。現代的網路媒體太發達了，好事不出門壞事傳千里，最多幾天就傳遍全國舉國皆知了。想矇騙消費者來達到目的，只能是暫時的，終有被揭露的一天，被揭露的那天基本上也就已經是擁抱破產的時候了。但願我們的企業多學一些國外的著名企業，不僅學他們的管理，更多的是學一些他們的做人，人做好了，才能做好企業，才會出現一些在全世界響噹噹的品牌！但這一點我們的路還很長，我想三鹿的事從這個方面來說也不失是一件好事：只有在痛苦中，我們才能走向世界！

第四章

人脈建設

成功來自於百分之八十五的人脈關係，百分之十五的專業知識

學會從別人身上找機會

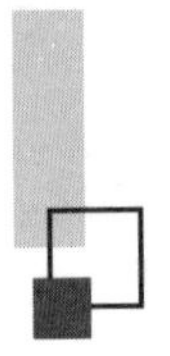

這個世界上，沒有一個人能真正影響你，重要的是，你能從每個人身上找到各種機會，不斷學習，從而反過來影響別人。——馬雲

二〇〇六年，馬雲在深圳發表主題演講《文化史企業的DNA》，他說：「我覺得影響我的人挺多的，在不同階段有不同的人影響我。金庸肯定影響過我，《阿甘正傳》裡面簡單的阿甘也影響過我，還有父母、老師，再就是前幾天李嘉誠的那句話讓我心裡很有共鳴。這個世界上，沒有一個人能真正影響你，重要的是，你能從每個人身上找到各種機會，不斷學習，從而反過來影響別人。」

借助他們的力量幫助自己找到機會、實現夢想其實就是一種君子善假於物的思想。一個人的力量是有限的，而大眾的力量是無窮的，成功的光環需要個人的努力，也需要善於借助外物與利用他人的優勢彌補自己的不足，這是聰明人常用的成事之道。

你要相信，今天的李嘉誠、比爾・蓋茲等，並不是靠一個人的力量成就輝煌的，他們一定遇到了人生中重要的良師益友。可以說，每個成功者的背後，都是很多人的幫扶。

想要跨越生命中的障礙，突破過去的自己，除了懂得堅持，還需要有化水為風的智慧與勇氣。生命中總是充滿著無數的未知，強渡人生所有的關卡，必定撞個頭破血流，慘烈狼狽。借助別人的智慧，從容走過沙漠，一樣也能成就自己。

荀子說：「假輿馬者，非利足也，而至千里。假舟楫者，非能水也，而絕江河。」荀子有「君子性非異也，善假於物也」的東方智慧，牛頓也有「踩在巨人肩膀上」的西方智慧。這兩種智慧交融在一起，就能說明一個道理：個人的成功，必須借助於他人的力量。

在現實生活中，如果能靈活的「假於物」，利用他人的優勢彌補自己的不足，就可以把別人的優勢變成自己的優勢，把別人的力量變成自己的力量，從而加大自己成就事業的速度和力量。猶太人之所以能在商界和科技界有眾多的成功者，就是因為他們普遍都具有善於借助別人之智的本領。

猶太人密歇爾．福里布林經營的大陸穀物總公司，能夠從一間小食品店發展成為一家世界最大的穀物交易跨國企業，主要因其善於借助先進的通訊科技和大批懂技術懂經營的高級人才。他不惜成本，不斷採用世界最先進的通信設備，寧可付出極高的報酬請有真才實學的經營管理人才到公司工作。因此，他的公司資訊靈通，員工操作技巧高超，競爭能力總是勝人一籌。他雖然付出了很大代價取得這些優勢，但他借用這些力量和智慧賺回的錢遠比他支出的大得多，可謂「吃小虧占大便宜」。

一個初入社會的人，需要尋求他人的協助，借他人之力，方便自己。即使你有很強的能力，也需要別人的協助。因為就算我們渾身都是鐵，也打不了幾根釘。只有借助於他人的能量，我們才能「成材成器」。

就社會和自然狀況來看，孤單的鬥不贏拉幫結派的。一個人在社會中，如果沒有朋友，沒有他人的幫助，他或她的境況會十分糟糕。普通人如此，一個成就大事業的人更是如此。如果失去了他人的幫助，不能利用他人之力，任何事業都無從談起。

借朋友之力，使他人為自己服務，以讓自己能夠高居人上，這是一個人高明的地方。尤其對自己所欠缺的東西，更要多方巧借。

年輕的壽險推銷員傑克來自藍領家庭，他平時也沒什麼朋友。華特先生是一位很優秀的保險顧問，而且擁有許多賺錢的商業管道。他生長在富裕家庭中，他的同學和朋友都是學有專長的社會精英。傑克與華特的世界根本就是天壤之別，所以在保險業績上也是天壤之別。

傑克沒有人際網路，也不知道該如何建立網路，如何與來自不同背景的人打交道，而且少有人緣。一個偶然的機會，傑克參加了開拓人際關係的課程訓練，傑克受課程啟發，開始有意識的和在保險領域頗有建樹的華特聯繫，並且和華特建立了良好的私人關係，他透過華特認識了越來越多的人，事業上的新局面自然也就打開了。

在生活中難免會遇到一些挫折，大事小情，自然需要他人的協助。俗話說：「一個好漢三個幫，一個籬笆三個樁。」好漢離不開幫手，籬笆要站穩，也離不開樁的支撐。這都是在講個人的成就需要利用他人之長，借助朋友之力。

個人大部分的成就總是蒙他人之賜。他人常在無形之中把希望、鼓勵、幫助投射入我們的生命中，常使我們的各種能力趨於銳利。要善於借助別人的力量，讓弱小的自己變得強大，讓強大的自己變得更加強大，使自己的成功更持久。借他人之力，使他人為自己服務，才得以讓自己能夠高居人上。

然而在現實生活中，許多人都囿於個人生活與工作的狹小範圍與具體環境的局限，除了自家人和親戚關係，還有同學、同事、朋友和熟人，都是「順其自然」、被動形成的。許多中年人和老年人大多過著「兩點一線」的生活，就幾十年如一日的家庭和工作單位之間來往。但作為個人有意識的選擇和結交朋友，有意識的建立自己的信譽，經營人際關係的網路，依然寥寥無幾，這是營造人脈網的遺憾。

你必須努力的與自己毫無關係的行業人員接觸，並學習其他行業的知識。只固守在自己的同行之中，你就無法建立多層面的人際關係。雖然你具備了完整的專業知識，但在這個複雜的社會中，只具備自己工作領域的知識是不夠的，這樣並不能成為一個完全的生意人。若一點也不瞭解其他行業的人的想法與行為，就無法達到自我成長的目的。

借助別人的力量成就自己的事業，可以起到事半功倍的效果。他山之石，可以攻玉。作為一名現代社會中的人，在拓展自己的人脈時，要能做到取長補短，廣交友。我們不應過分計較他人身上的缺點，不應計較他人的身份、輩數、閱歷等，而是應多看看別人的優點和專長，在需要時，把別人的優點和專長拿來為己所用，既彌補了自身能力的不足，又為自己事業的發展鋪平了道路。

只有你自己才能替你發財

這個世界沒有人能替你發財，只有你自己才能替你發財，你需要的是投資和投入。——馬雲

馬雲說：「今天要在網路上發財，機率並不是很大，但今天的網路，可以為大家省下很多成本。這個世界沒有人能替你發財，只有你自己才能替你發財，你需要的是投資和投入，spend time，invest time，on the internet，把自己的時間投資在網路上面，網路一定會給大家省錢，但不一定今天就能賺多少錢，賺錢是明天的事，省錢，你今天就看得到。」

在我們的日常生活中也是一樣，只有你自己才能替你發財。任何人若想取

得事業的成功，都必須依靠自己的不懈努力。如果把自己的成功寄希望於別人身上，你也許永遠也品味不到成功的甘甜。

在《亮劍》裡，楚雲飛對李雲龍說，只要雲龍兄打鬼子，便是楚某的朋友。上面的事我管不了，但雲龍兄如有困難，只管開口，槍彈糧餉由我解決。

李雲龍也不打哈哈了，他雙手抱拳說：「楚兄美意，兄弟心領了，八路軍不靠政府接濟也能生存，求天求地不如求自己，沒有槍彈糧餉我從鬼子手裡搶，鬼子有什麼我就有什麼。」

李雲龍認為八路軍不靠政府接濟也能生存，求天求地不如求自己，正如《遊擊隊歌》中所唱的那樣：「沒有吃，沒有穿，自有那敵人送上前；沒有槍，沒有炮，敵人給我們造……」

正是這種自力更生的精神使紅軍壯大了革命隊伍，趕走了日本鬼子，取得了中國大陸解放戰爭的勝利。

很多人在遇到困難的時候，第一個反應都是找一個人幫忙，但是有很多時候，求人不如求己，任何時候，自強才是強。更多的時候，靠天靠地不如靠自己！我們每一個人應該依靠自己的力量說出自己的聲音，不懼怕強權的勇氣，本身就是一種成功！

自從羅馬帝國時起，猶太民族就開始被侵佔，大部分猶太人被迫離開故土，流散天涯。在漫長的流亡漂泊歲月中，雖然災難迭起，幾乎遭到滅族之災，但千百年來，猶太人才輩出，精英遍佈世界，猶太民族的特性、宗教，語言、文化、文學、傳統、曆法、習俗和勤勞智慧的資質仍完好的保存著。在猶太人成功的背後，是他們民族旺盛生命的意識和自強不息的進取精神。

為了求生存，改變資源貧乏、水源奇缺的自然狀況，本・古里安總理號召以色列人向內格夫進軍，向沙漠要水。當時，以色列北部地方的年降水量為七百毫米左右，中南部為兩百毫米，最南端的沙漠地區幾乎常年無雨。面對這種狀況，以色列政府集中了全國的水利工程師，並廣泛求援於歐、美國家，開始了改造沙漠的宏偉工程。他們先改變了約旦河的河道，開鑿了一條長達四十公里的運河，在加利利山以東地區造出了六千公頃的良田。接著，第二項工程——北水南調計畫開始實施。他們採取了許多措施，使太巴列湖的水越過加利利山，流到了中、南部地區。他們還冒著與敘利亞發生戰爭的危險，花費了整整十年的時間，完成了「國家引水渠」，從而使以色列南部內格夫地區的供水量增加了百分之七十。

與此同時，以色列還發展了一整套適合於乾旱地區農業發展的電腦程式控制滴灌技術，從而使內格夫地區開滿了鮮花。每天都有大量的鮮花從這裡空運出國，豐富了歐洲的鮮花市場。

但是，正是憑藉著猶太人自強不息，靠其民族的頑強生存意識和智慧，以色列人在短短的幾十年間，創造了一個又一個經濟奇蹟，經過四十多年的艱苦創業，使這塊土地出現了舉世矚目的奇蹟，靠「不毛之地」的農業，不僅能自足自給，還能出口創匯農、林、牧業產品的產量迅速增長。

在日常生活中，我們難免會遇到這樣或那樣的問題，在很多時候，我們不想全憑自己的能力去解決，而是總希望借助他人的力量。這樣的確會節省你許多精力、物力和財力，但總是靠別人幫忙，效果就會適得其反。長期下來，可能就會養成不愛動腦、動手的壞習慣，一個弱者就悄悄誕生了。

某人在屋簷下躲雨，看見觀音正撐傘走過。這人說：「觀音菩薩，普度一下眾生吧，帶我一段如何？」

觀音說：「我在雨裡，你在簷下，而簷下無雨，你不需要我度。」

這人立刻跳出簷下，站在雨中：「現在我也在雨中了，該度我了吧？」

觀音說：「你在雨中，我也在雨中，我不被雨淋，是因為有傘；你被雨淋，因為無傘。所以不是我度自己，而是傘度我。你要想度，不必找我，請自找傘去！」說完便走了。

第二天，這人遇到了困難，便去寺廟裡求觀音。走進廟裡，才發現觀音的像前也有一個人在拜，那個人長得和觀音一模一樣，絲毫不差。

這人問：「你是觀音嗎？」

那人答道：「我正是觀音。」

這人又問：「那你為何還拜自己？」

觀音笑道：「我也遇到了困難，但我知道，求人不如求己。」

有些人一遇到困難，最先想到的就是求人幫助；有些人不管是有事沒事，總喜歡跟在別人身後，以為別人能解決他的一切疑難，在他們的心裡，始終渴望著一根隨時可以依靠的拐杖。

但實際上，從來沒有某個等候幫助、等著別人拉扯一把、等著別人的錢財，或是等著運氣降臨的人能夠真正成就大事，只有自強、自立、自尊的人才能打開成功之門。

工作中，要取得理想的成績，就要相信自己，依靠自己的才能取勝。人是有骨架的，不該像根藤蔓一樣，依附外界力量才能生存。外界力量常常像一包毒品，你得到了就變得精神抖擻、動力十足；得不到就被折磨得委靡不振、意志消沉。因此，我們應該自立，應在胸中充滿勇氣，練就一身錚錚鐵骨，這樣才能在風雨人生路上一往無前！

人人都渴望成功，人人都想得到成功的祕訣，然而成功並非唾手可得。我們常常忘記，即使是最簡單最容易的事，如果不能堅持下去，成功的大門絕不會輕易的開啟。而除了自強不息、堅持不懈，成功並沒有其他祕訣。

只有合作夥伴成功了，自己才可能成功

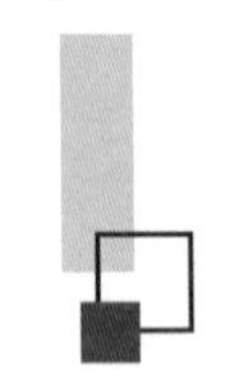

作為創業者，最重要的是透過跟人打交道，透過團隊合作才能拿到自己的結果。——馬雲

俗話說一個好漢三個幫，劉關張擰成一股繩才有了三分天下。創業路上找一些志同道合的人結伴而行，將解決你單打獨鬥的許多麻煩。尤其是在這個競爭日趨激烈的時代，合夥讓你的創業之路從不可能到可能，從小打小鬧到大規模作戰。

馬雲創業的成功，離不開夥伴的幫助。他和身邊的「十八羅漢」的創業故事已成為業界津津樂道的話題。十八羅漢從湖畔花園立誓與馬雲一起創業，期間，經歷了太多的大風大浪，但十八位創業元老始終堅守在阿里巴巴的各個職位上，一直跟隨馬雲，不離不棄，生死相隨。在馬雲看來，作為一個領導者不要讓你的員工為了你而工作，應該是為了共同的目標或者使命，或者是一個理想去工作，絕對不要因為領導者的人格魅力而工作。發不出工資是領導者的恥辱。只有合作夥伴成功了、愉快了，自己才可能成功。

「武大七俠」的創業事蹟就可以說明這個道理：

「武大七俠」——周漢生、艾路明、張曉東、張小東、潘瑞軍、賀銳、陳華是當代集團的創始人。一九八八年夏，艾路明從武大研究生畢業後，從家裡拿出一千元，周漢生等人又湊了一千元，在洪山區註冊成立當代生化技術研究所。「七個人當中有四個是學生物的，大家覺得做生化技術比較有把握。」周漢生辭去水生所的工作，與艾路明一起徹底經商，其他幾個人邊教書，邊經營這個企業。

一九八八年底，當時在武大留校工作的張曉東到復旦大學做實驗時，認識了一位做尿激酶產品的博士。該產品是從男性小便中提取尿激酶，出口日本。他得知這個資訊後立即通知艾路明、周漢生等，幾個人分頭行動準備從武漢各大廁所裡掘金。

經過考察，他們選中人口稠密的江漢區，在機場河租下一個廢棄停車場作為加工廠。經江漢區環衛局同意，該區的廁所裡出現許多白色的塑膠大尿桶。尿液在四小時以內沒有味道，物質活性也較高，有利於加工。白天，周漢生與艾路明踩著三輪車，到各個廁所將盛滿尿液的塑膠桶扛到三輪車上。晚上，他們將拖回的尿液倒進大缸裡處理，並守在缸邊，根據情況隨時添加各種化學藥品。

一九九一年底武漢東湖開發區成立，政府開始扶持高科技企業。當時，葛洲壩集團為了開拓新的產業領域，想利用武大生科院的技術，生產紅黴素（一種植物生長激素）。此時，武大正與國內數家公司合作開發這個專案，無力再派技術人員開發新地點。

周漢生來到武大生科院深入實驗室，向專家請教生產紅黴素的關鍵技術，直到全部掌握。然後以當代生化技術研究所的名義與葛洲壩集團進行技術轉讓與合作，組織生產。這個專案獲得國家「火炬計畫」一百萬元貸款。接著，他們又開發一個「原子灰」專案（生產油漆底層的泥子），再次得到國家「火炬計畫」五百萬元的專案貸款。一九九三年初，當代有了三個「攤子」：尿激酶、紅黴素、原子灰，資產已達數百萬，開始走上發展的快車道。

眼看公司有了規模，幾個創業者都想按自己的想法試一下。一年後，各個公司的經營都開始萎縮。大夥意識到還是合在一起好！

在尿激酶生產中，公司從進口試劑中得到啟發。「醫院檢驗科需要一種檢測致嬰兒殘疾的診斷試劑，這個市場很大。」艾路明與國家計生委協商合作，成立了一個公司；又用一年時間兼併了揚子江製藥廠，取得了針劑生產的批號，診斷試劑和尿激酶臨床針劑投入生產。「這就是上市公司人福科技的前身。」

一九九五年，當代公司開始參與國有企業的購併和重組，資產迅速擴張。到一九九六年，資產已達五千萬。同年六月，人福科技上市，成為東湖開發區第一家上市公司，資本擴充至一億元。購併和握有醫藥生產資源的企業，是快速增長的捷徑。二〇〇〇年，當代集團兼併了宜昌醫藥集團。如今當代集團所屬的人福科技更在全國醫藥企業中排進了前五十名。

當代集團初次創業小有成就後，「七俠」曾分道揚鑣，但業務馬上下滑，最後不得不再次聯手。這說明合夥創業的確可以產生一加一大於二的效果，只有合作夥伴成功了，自己才可能成功，公司也才可能產生強大的能動力，使創業之路左右逢源，一路高歌。

沃爾瑪是全美投資回報率最高的企業之一，其投資回報率為百分之四十六，即使在一九九一年不景氣時期也達百分之三十二。它的歷史遠沒有美國零售業百年老店「西爾斯」那麼久遠，但在短短的幾十年時間裡，它就發展壯大成為全美乃至全世界最大的零售企業。當前，沃爾瑪的經營哲學、管理技能已經成為全世界管理學界的熱門話題，當然這也包括其成功的人力資源管理。

在沃爾瑪，員工有一個著名的稱謂——「合夥人」，沃爾瑪的員工認同企業發展目標和價值已經達到了一定的程度。一方面，沃爾瑪把公司領導稱為公僕，而另一方面又把員工稱為合夥人，宣導員工是沃爾瑪的合夥人，員工和企業共創未來的企業文化。

在沃爾瑪總部，一位女士因加入了公司的「利潤分享計畫」而感到由衷的慶倖，她名叫瑪麗，是一名普通的採購員。瑪麗很年輕的時候就進入沃爾瑪工作，是沃爾瑪的老員工。

一開始，她的哥哥試圖說服她辭去工作，他認為瑪麗在沃爾瑪以外的任何地方工資都會比這裡高。然而，瑪麗留了下來，並成了公司「利潤分享計畫」中的一員。

到了一九九一年，她的利潤分享數字變成了兩百二十八萬美元，而她的職位也從原來普通的員工晉升到經理。瑪麗很慶倖堅持了自己的意見，沒有聽從哥哥的話，也很高興自己對沃爾瑪忠心耿耿、盡職盡責。現在她不僅可以拿所賺的錢供她的寶貝女兒上大學，而且還在沃爾瑪公司這個舞臺上實現了她的人生目標。

從瑪麗的案例我們可以看出：一個將企業視為己有的人，終將會走向卓越。而公司的合夥制度也可以促進員工的成功，員工成功了，公司也就成功了。許多管理制度健全的公司，正在創造機會使員工成為公司的股東。因為人們發現，當員工成為企業所有者時，他們表現得更加忠誠，更具創造力，也會更加努力工作。

夥伴賺錢了，你也就賺錢了。這種共贏的智慧體現在生活的各方面。但對於企業而言，如何管理合作夥伴，打造共贏的局面也是領導者必須思考的問題。

金無足赤，人無完人。任何人有長處，也有短處。合作夥伴也不可能是完美無缺的，如果合夥人能夠充分發揮長處，就能給企業帶來積極正面的影響，至於無傷大雅的缺點，就沒有必要過於苛責。這既是一種管理策略，也是一種用人之道。管理者要知人善任、揚長避短、因材授職、使用得當。

企業的領導者應該一分為二的看人，某個人在某方面的才能突出，其必定有一方面不突出。這需要管理者在挑選合作夥伴時，準確把握優勢和劣勢，發揮其長處，避免其短處。

現實社會中絞盡腦汁相互拼殺，最後往往兩敗俱傷的例子屢見不鮮。所以企業的領導者還要和合作夥伴友好相處，打造共同的目標，為追求共贏一起努力。

學會和不喜歡的人相處

我和你一樣，不願意和不喜歡的人交往。但是對於客戶，哪怕你很不喜歡他，你也要尊重他，不要把客戶當白癡。客戶不喜歡你，一定有他的原因和理由。對於同事也一樣，很多人因為不喜歡某個同事就不願意跟他一起工作，你不喜歡他，可以不跟他做朋友，但一定要成為同事。——馬雲

學會和不喜歡的人相處是一種技巧。人的某種本能趨勢就是與自己喜歡、欣賞的人靠近，同樣也就遠遠的躲開那些自己不喜歡、不願意打交道的人。然而，對於創業者來說，工作與生活中由於各種不同的原因，我們經常要與自己不喜歡的人相處，因此我們更應該學會用真誠的態度對待每一個人。

柯克和小沃森是老對手，伯肯斯托克則是柯克的心腹下屬，IBM的上上下下都知道這些。柯克剛剛去世，所有人都認為伯肯斯托克在劫難逃。伯肯斯托克本人也這麼認為，因此他心想與其被小沃森趕走，不如自己先辭職，這樣還能夠走得體面些。

有一天，IBM的總裁小沃森正在辦公室裡，伯肯斯托克不請自來，並大聲嚷道：「我什麼期望都沒有了！做著一份閒差事，有什麼意思？我不做了！」

現在的小沃森與當年的老沃森一樣，脾氣都非常暴躁，如果一個部門經理這樣無禮闖入，按照平時的習慣，他一定會毫無顧忌的讓伯肯斯托克出去。但令人意外的是，小沃森不但沒有生氣，反而笑臉相迎。

他知道，伯肯斯托克是一個難得的人才，比剛剛去世的柯克還要勝過一籌，留下來對公司有百利而無一害，雖然，他是柯克的下屬，是柯克的好友，並且性格桀驁不馴。從這一點來看，小沃森不愧是用人的專家，他知道什麼時候該生氣，什麼時候不該生氣，對伯肯斯托克就屬於後一種情形。

小沃森對伯肯斯托克說：「如果你真的有能力，不僅在柯克手下能夠很出色，在我和我父親手下也照樣能夠成功。如果你認為我對你不公平，你可以走人，如果不是這樣，那你就應該留下來，因為IBM需要你，這裡有你發展的空間。」

伯肯斯托克捫心自問，覺得小沃森沒有對他不公平的地方，並沒有像別人想像的那樣柯克一死就收拾他。於是，伯肯斯托克留了下來。

事實上，小沃森留下伯肯斯托克是極其正確的。小沃森在促使IBM從事電腦業務方面，曾受到公司高層的極力反對，只有伯肯斯托克全力支持他，正是有了伯肯斯托克與小沃森的共同努力，IBM才能度過重重難關，才有了今天輝煌。小沃森後來在回憶錄中說：「挽留伯肯斯托克，是我最有成就的行動之一。」

小沃森不僅留下而且還重用伯肯斯托克，在他執掌IBM帥印期間，他還提拔了一大批他不喜歡，但是具有真才實學的人。他後來回憶說：「我總是毫不猶豫的提拔我不喜歡的人，那些討人喜歡的人，可以成為我一道外出垂釣的好友，但在管理中卻幫不了我的忙，甚至給我設下陷阱；相反，那些愛挑毛病、語言尖酸苛刻、幾乎令人討厭的人，卻精明能幹，在工作上對我推心置腹，能夠實實在在的幫助我，如果我把這樣的人安排在自己身邊，經常聽取他們的意見，對自己是十分有利的。」

管理者只有按照「由事到人」的思維軌跡去指導和制約用人抉擇，才能在用人實踐中做到以下幾點：

第一，根據目標管理的需要，掂量和篩選自己面臨的各種事情。

第二，為各種必須辦的事情，物色最合適的人選。

第三，經過因「事」制宜、因「事」用人之後，凡是本地區、本單位緊缺的人才，立即透過各種管道，採用多種方式，從外地區、外單位（甚至從外國）大膽引進。

第四，凡是本地區、本單位「多餘」的人才，在徵得本人同意之後，應根據其專業特長和素質條件，及時交流到最能揚其所長的地區和單位去工作，絕不能照顧使用或養而不用。

俗話說，凡敵可恨，不可全敵。如果你很任性，那麼你的家人、朋友和同事中就有很多你看不順眼的人。「以惡為仇，以厭為敵」是不行的，久而久之，你會無路可走，自身也會成為眾矢之的。

世界上的人都是千差萬別的，完全相同的人是不存在的。性格、愛好、觀點、行為不一致的人在同一範圍內生活相處，是很自然的。如果純粹以個人的愛憎喜惡來選擇交往的對象，那就只能生活在一個越來越狹窄的小天地裡。要能容人之過。所謂「容過」，就是容許別人犯錯誤，也容許別人改正錯誤。不要因為某人有過失，便看不起他，或一棍子打死，或從此另眼看待對方，「一過定終身」。

用人之長，避其所短，容人之過，才是一個創業者應有的認識。

創業要找合適的人

創業時期千萬不要找明星團隊，千萬不要找已經成功過的人和你一起創業。要逐步引進，創業要找最適合的人，不要找最好的人。——馬雲

在創業的過程中，馬雲曾迷信「精英論」，要求「凡是要做主管以上的位置，必須在海外，如美國、英國受過三到五年的教育，或工作過五到十年。」二〇〇一年，馬雲的團隊幾乎全部是由海龜組成的，全面放棄了「土鱉」。但事實證明，只靠「海外兵團」是不行的。因為他們對中國國情瞭解不多，在這一點上遠遠不如「本土人才」適合中國市場，於是阿里巴巴的管理團隊從「海龜團隊」過渡到「土鱉軍團」，建立了只剩下一個「海龜」的管理團

隊。而孫彤宇就是「土鱉」中的佼佼者。

當時，馬雲在打造淘寶網領軍團隊的時候，曾經說過「團級以上幹部要空降」，但是，當馬雲直截了當的問孫彤宇淘寶什麼時候能夠打敗易趣，而孫彤宇當場立下了三年的軍令狀之後，馬雲意識到，孫彤宇現在也許只是個「連排長」，但他有成為「師長」、「軍長」的潛力。更重要的是，馬雲認為孫彤宇是最適合帶領淘寶的人。於是，馬雲把打造淘寶網的重任交給了孫彤宇。隨後，馬雲又任命孫彤宇為阿里巴巴的副總裁，希望孫彤宇能把淘寶網辦成一個和世界頂級公司e Bay競爭的公司，而孫彤宇也勇敢的承擔起了這副重任。

事實證明，馬雲沒有選錯人，孫彤宇也沒有辜負使命。淘寶網只用半年時間就做到了全球排名前一百名，九個月做到了前五十名，一年進入了前二十名。到了二〇〇五年，淘寶網的市場佔有率達到百分之八十，徹底打敗了易趣。帶領淘寶網從建立到打敗e Bay這個巨無霸，孫彤宇只用了兩年！

但是，當阿里巴巴真正需要走向國際市場時，馬雲又發現「海龜團隊」比

「土鱉軍團」更有戰鬥力，於是馬雲大量引進國際精英。二〇〇六年，阿里巴巴終於建立了一支不分新老、不分土洋的第一流的管理團隊。

馬雲認為，創業不一定要找最成功的人，但一定要找最合適的人。在創業初期，與那些沒有成功卻渴望成功的人一起合作是最合適的，不要找明星團隊。在參加《贏在中國》節目時，馬雲說：「不要把一些成功者聚在一起，尤其是那種三十五歲、四十歲已經有錢了的這些人，他們已經成功過了，所以想再在一起創業會很難。」

馬雲本人比較認同等到事業達到一定程度的時候，再請一些成功人士充實團隊。馬雲這樣考慮的原因是：這些沒有成功卻渴望成功的人不僅學習能力很強，工作激情也很大，比較容易接受別人給他的意見，所以是創業合作最合適的人。

創業最寶貴的資源不是金錢，而是人。對內而言是優秀員工的引進，對外就是找到適合的創業夥伴。很多創業者抱怨茫茫人海中沒有合適的創業夥伴，其實只是沒有找到適合的方法而已。很多時候，適當的人選就在身邊，只是創業者沒有發現的眼光罷了。創業者可以透過以下幾種方式精選合作者：

一・在熟人中找合適的人

合夥人是以信任為基礎的，因此很多人選擇從熟人圈子裡找合夥人。如Google的創始人是同學關係，當當網的創始人是夫妻關係。

二・刊登廣告

針對自己需要的合夥人類型，刊登合作廣告。這樣合作意願傳播的速度快、覆蓋面廣、重複性好，合作的內容也可以清晰明確的公佈出來。

三・委託人力銀行

可以請專業的人士透過有償的方式根據創業者的需求去收集資訊。比起自己盲目的尋找，委託人力銀行更加有針對性。

四・介紹尋找

就算熟人圈中沒有適合的人選，還是可以透過熟人圈，請親朋好友在自己的圈子內物色適當的人選。

五・從客戶中尋找

以前工作關係建立起來的客戶，有不少可以作為創業的幫手。因此要跟客戶保持良好的關係，留作以後創業的資源。

總之，尋找合作夥伴的途徑是非常的多，創業者只要細心搜尋，一定能夠找到最適合的合夥人。但是，從無數個失敗的合作案例來看，以下三種人是不能做為合作人選的。

一．滿口花言巧語，無誠信型

誠信是合作最起碼的準則，如果連這點都做不到，以後的合作就根本不可能成功。對於那些毫無誠信可言的人，根本不能考慮與其合作。

二．自高自大，不尊重內行型

合夥人不可避免的要參與到專案的決策中，然而有些人不尊重內行的意見，對產品只瞭解一些皮毛，就像剛練了幾個月拳腳的年輕人一樣，自我感覺極其良好，恨不得天天舉行武術比賽，從此自己打遍天下無敵手。這正是創業必須避免的症狀之一：自己其實並沒有過人之處，卻自我感覺天下第一。這種自我認知不清的唯一結果是：吃大虧，摔大跟頭。這類人自大的主要表現是不尊重內行的人，自己在決策之前不能兼聽則明。

很多人想要創業，他們把大量精力放在尋找合適的專案上。其實，在一般情況下，對於普通人來說，很少有一進入就能賺大錢的暴利行業和暴利產品。

仔細觀察，就會發現，任何行業、任何產品都有人賺錢，有人虧本。如果能預測和抓住社會發展的趨勢，切入新興行業當然賺錢的機會更大，但三百六十行，只要不是已經過時的產業，只要能夠為人類提供幫助與服務就都可以賺到錢。賺錢的關鍵，並不是產品，而在於是否善於經營，善於運作，善於運用創意把相同的東西賣出不同。盲目自大，不尊重內行，以為自己什麼產品都能做的合夥人，最後一定會導致產品的失敗甚至企業的瓦解。

三・隨心所欲，不重視制度型

一個不重視公司制度建設的合夥人，不可能是一個好的合夥人。俗話說：「沒有規矩，不成方圓。」這句古語也很好的說明了制度的重要性。一個企業想不斷發展永續經營，有一個比資金、技術乃至人才更重要的東西，那就是制度。合夥人如果一人獨大，認為自己說了算，藐視公司的規章制度，將會導致公司秩序的混亂。

英國首相邱吉爾曾說，「制度不是最好的，但制度卻是最不壞的」。遠大空調董事長張躍說，「有沒有完善的制度，對一個企業來說，不是好和壞之分，而是成與敗之別。沒有制度是一定要敗的。」在今日競爭日益的商業社會，制度才是克敵制勝的根本之道。從本性上講，每個人都希望自己有特權，制定的規章制度最好是用來約束別人的，而不願意制約自己。但如果合夥人不能夠率先示範，能以身作則的努力工作，而是隨意破壞各種規章制度，那麼這種形象就會影響下屬，從而在團隊裡形成一種消極的態度，嚴重影響企業的正常運行。

自己走百步不如貴人扶你一步

要學會從別人的經驗中學習，多結交些行業中的大老闆。——馬雲

與強者合作，才能成為強者。多結交行業裡的大老闆，特別是得到他們的幫助和指點，這是成功最好的一個跳板。對於馬雲來說，結交孫正義這個互聯網行業的大亨級人物絕對是其創業成功最重要的一步。

孫正義被稱為「日本的比爾．蓋茲」，在不到二十年的時間內，就創立了一個無人相媲美的網路產業帝國。不僅以一己之力掀起日本的互聯網風暴，又獨具慧眼的選擇重金投資雅虎，在四十三歲時稱為亞洲首富，總資產高達三兆日元。

二〇〇〇年十月，摩根士丹利亞洲公司資深分析師古塔給馬雲發來了一封E-mail，稱有個人「想和你見個面，這個人對你一定有用」，地點就在北京富華大廈。古塔所說的這個人正是孫正義。

在這次會見中，馬雲僅僅開講了六分鐘，就被孫正義打住了。孫正義當即表示了他略顯強烈的投資意向。二〇〇〇年底，經過和馬雲多次的接觸以及對阿里巴巴的深入瞭解之後，孫正義決定向阿里巴巴投資三千萬美元。三千萬美元在當時是一個非常巨大的數字。這條新聞在當時的互聯網界引起了轟動。

雖然馬雲只要了兩千萬美元，但是得到孫正義的投資資金之後阿里巴巴開始進入了全面發展的階段。二〇〇四年二月十七日，孫正義又向阿里巴巴注資八千兩百萬美元。在得到這筆大額投資之後，馬雲和阿里巴巴開始大舉進軍C2C市場，以此掀起了與e Bay的正面交鋒。

由此可見，結識孫正義對於馬雲的創業有著何等的重要性。好風憑藉力，送我上青雲，你辛辛苦苦奮鬥好久才得來的東西，或許某個大老闆的一句話便能幫你實現了。

國外有一句名言：「二十歲靠體力賺錢，三十歲靠腦力賺錢，四十歲以後則靠人脈賺錢。」斯坦福研究中心曾發表過一份報告：一個人賺的錢，百分之十二點五來自知識，百分之八十七點五來自關係。戴爾．卡內基也曾說過：「一個人事業上的成功，僅有百分之十五是由於他的專業技術，另外的百分之八十五主要靠人際關係、處世技巧。」

人們常說愛拼才會贏，但偏偏有的人拼死拼活的努力了一輩子，也沒有出頭之日。這就是沒有經營好人脈的悲劇。人脈就是競爭力！對於個人來說，專業是利刃，人脈是秘密武器，仔細想想，許多人其實都是靠關係成功的，這是不可否認的事實。包括比爾•蓋茲也是如此，他的第一份合約是靠他母親介紹的。他母親當時是IBM的董事會董事。靠著與IBM簽的這個大單，比爾•蓋茲奠定了他事業成功的第一塊基石。自己走百步不如貴人扶你一步，有的時候，不在於你有多努力，而在於你認識了什麼人。

二〇〇〇年三月二日柳傳志與李澤楷僅握了握手，宣佈了二人將在共同發展寬頻互聯網方面進行合作的消息，聯想股價馬上翻了一番，一度衝高至七十港元，市值衝到八百億港元，躋身香港十大市值公司之列，超過中國電信和中信泰富，成為大陸在港上市的第一股。

志高空調老闆李興浩說：「有了人脈辦事效率才高。打個比方，我跟你是非常好的朋友，你有什麼事情都求我，這樣自然就有了人脈，如果你是很了不起的人，我認識你，這樣辦事情就不會先簽合同，就直接過關。相對來說，人脈是做大事業的條件。」人脈如同血脈，四通八達、錯綜複雜的血脈網路，是事業成功的重要基礎。你的人脈關係越豐富，你的力量也就越大。別人辦不了的事情，你可能一個電話就非常圓滿的解決了；反之，你費了九牛二虎之力都解決不了的問題，卻有人能輕輕鬆鬆的搞定。自身的優勢、勤奮與努力固然重要，可是很多時候還是需要人脈來為你創造發揮才華的機會。有的年輕人可能因為父母的原因天生就擁有得天獨厚的人脈優勢，但是大多數人的人脈還是需要自己尋找和網路的。

高燃一九八一年出生於湖南農村，沒有任何「背景」，但是這並不妨礙他主動為自己鋪設人脈關係。在大學的時候，他就用邀請商界名人到清華演講的方式攏絡人脈，並且在過節的時候都會照著名片給這些他認識的人，一個一個的打問候電話。他生命中的「貴人」江蘇遠東集團董事長蔣錫培就是大學時認識的，從輕輕拾起蔣錫培滑落到地上的衣服，到節假日的電話問候，從出差到上海專程跑去江蘇為蔣錫培過生日，再到從蔣錫培處獲得一百萬元的創業投資，高燃和蔣錫培的交情順理成章的一路發展。

二〇〇三年七月，高燃從清華大學畢業後在一家報社做記者。二〇〇四年春天，高燃因為看到卓越網、當當網都做得很好，於是也萌發了創業的衝動，打算把北大的一個網站書店買下來做電子商務。當時還是記者的他從此開始尋找可以提供給他創業資金的人，並做了一份並不十分專業的商業策劃書。他最先把這份策劃書呈給雅虎的創始人楊致遠，楊致遠雖然肯定了他的想法，卻沒有給他任何消息。

之後高燃站了一夜的火車來到了江蘇，將這份策劃書的修改版交給了他生命中的「貴人」——江蘇遠東集團董事長蔣錫培，蔣錫培很欣賞他，投資了他一百萬。

但是創業伊始的高燃，由於在IT行業知識積累方面的缺乏，路走得並不順利。北大網站書店給他的回覆是「收購資金不能低於一百萬」。他不敢把手中的錢都拿去冒險。於是轉頭做多媒體訊息服務，找人畫漫畫、寫新聞。但是由於對多媒體訊息服務市場的不瞭解，他基本上沒有盈利。他的核心團隊第一次面臨解體，兩個合夥人相繼離開。

高燃只有再次轉行做部落格，用幾萬元的資本註冊了my see功能變數名稱，但技術門檻較低的部落格仍然沒有給他帶來好運。身處窘境的高燃在這次又碰到了生命中的第二位「貴人」——他的大學同學。這位同學專注於做視頻和無線存儲技術，還拿到了國家的專利，但苦於沒有資金。這幾個月的創業經歷早已讓高燃明白，對於一個公司而言，技術可以不是最重要的，但一定要有核心技術。並且他已經認識到，中、小型公司業務過於繁多，是在沒有盈利之前產生負債的重要原因。

於是，高燃毫不猶豫的選擇與這位同學合作，並砍掉自己的部落格團隊，專注於視頻業務。

之後，高燃又融得一千萬美元的風險投資，成為國內首屈一指的網路視頻服務供應商，並因為在技術上的領先優勢很快成了年輕的億萬富翁。

人脈是打通事業經脈的關鍵，每一個成功的人或者想成功的人都在努力網羅著自己的人脈，廣東民營企業家爭相到中央黨校學習的一個重要原因就是，那裡彙聚著最前沿、最新鮮的中國政治經濟資訊，那裡彙聚著決定中國發展方向的智慧精英。當然，如果把大部分時間都花在人脈上也是一種錯誤，高燃雖然說人脈關係成就了他，但他也認為：「自己剛開始創業的時候總覺得具體的事務應該交給下面的人，廣交關係才是自己的職責，結果走了很多冤枉路。」

一個人的精力是有限的，只能有選擇性的擴展人脈，有選擇性的利用每天的時間。人脈在精不在多，因此在人脈的網路上面要有選擇性，並不是每個人都值得你去結交，要結交那些有品質的能夠對你的命運發生影響的「貴人」，而不是浪費大量的時間和精力買進很多垃圾股。

TALENT tOOL

大大的享受拓展視野的好選擇

大拓
Talent Tool
永續圖書線上購物網
www.foreverbooks.com.tw

謝謝您購買 選擇堅持—馬雲的人生智慧 這本書！

即日起，詳細填寫本卡各欄，對折免貼郵票寄回，我們每月將抽出一百名回函讀者寄出精美禮物，並享有生日當月購書優惠！

想知道更多更即時的消息，歡迎加入"永續圖書粉絲團"

您也可以利用以下傳真或是掃描圖檔寄回本公司信箱，謝謝。

傳真電話：（02）8647-3660 信箱：yungjiuh@ms45.hinet.net

☺ 姓名： □男 □女 □單身 □已婚

☺ 生日： □非會員 □已是會員

☺ E-Mail： 電話：（ ）

☺ 地址：

☺ 學歷：□高中及以下 □專科或大學 □研究所以上 □其他

☺ 職業：□學生 □資訊 □製造 □行銷 □服務 □金融
□傳播 □公教 □軍警 □自由 □家管 □其他

☺ 您購買此書的原因：□書名 □作者 □內容 □封面 □其他

☺ 您購買此書地點： 金額：

☺ 建議改進：□內容 □封面 □版面設計 □其他

您的建議：